奄美大島以南の琉球
列島に分布する固有種.
日本最大のドングリを
つける.

オキナワウラジロガシ

Quercus miyagii

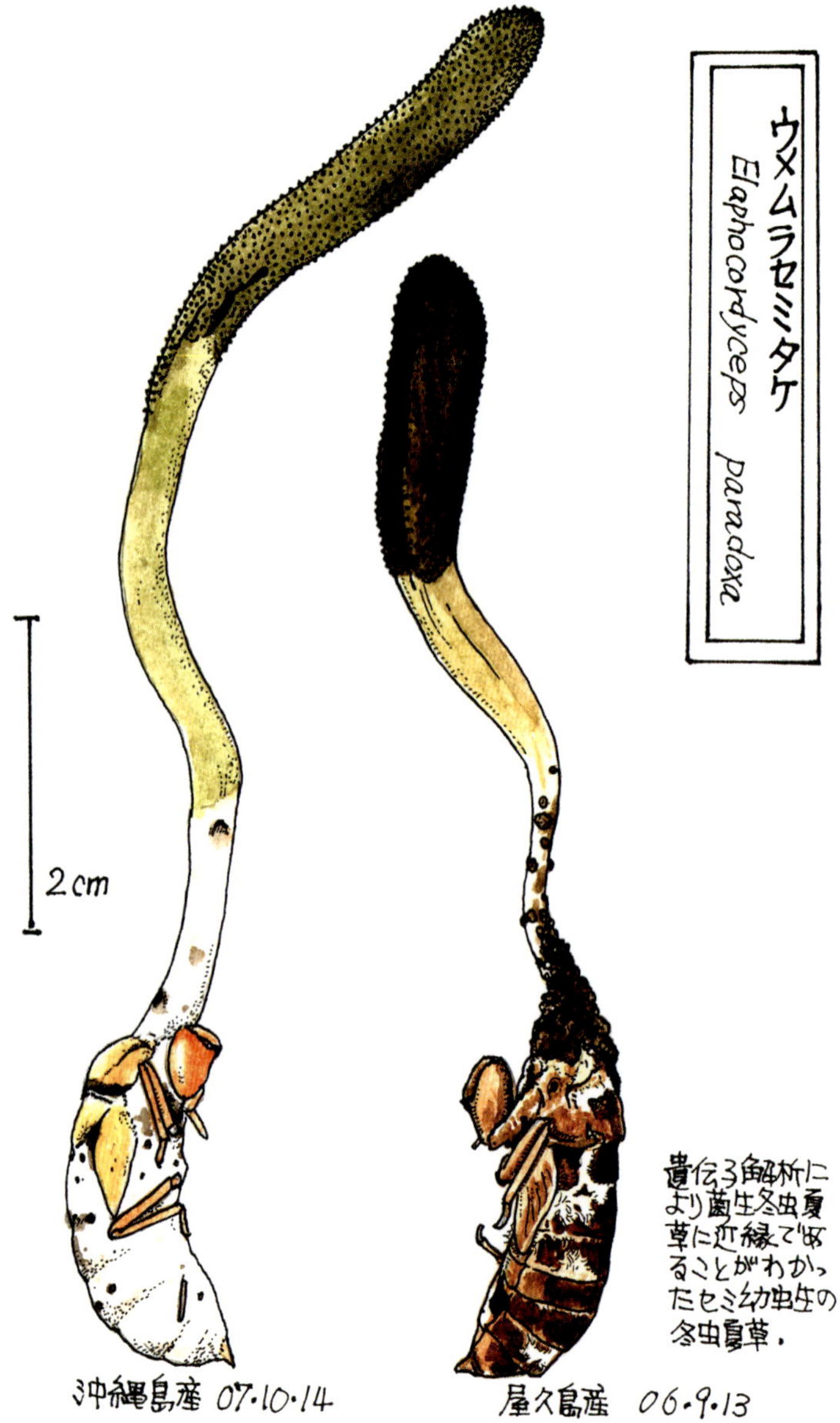
ウメムラセミタケ
Elaphocordyceps paradoxa
2cm
遺伝子解析により菌生冬虫夏草に近縁であることがわかったセミ幼虫生の冬虫夏草．
沖縄島産 07・10・14
屋久島産 06・9・13

アマミツチダンゴツブタケ

学名未定

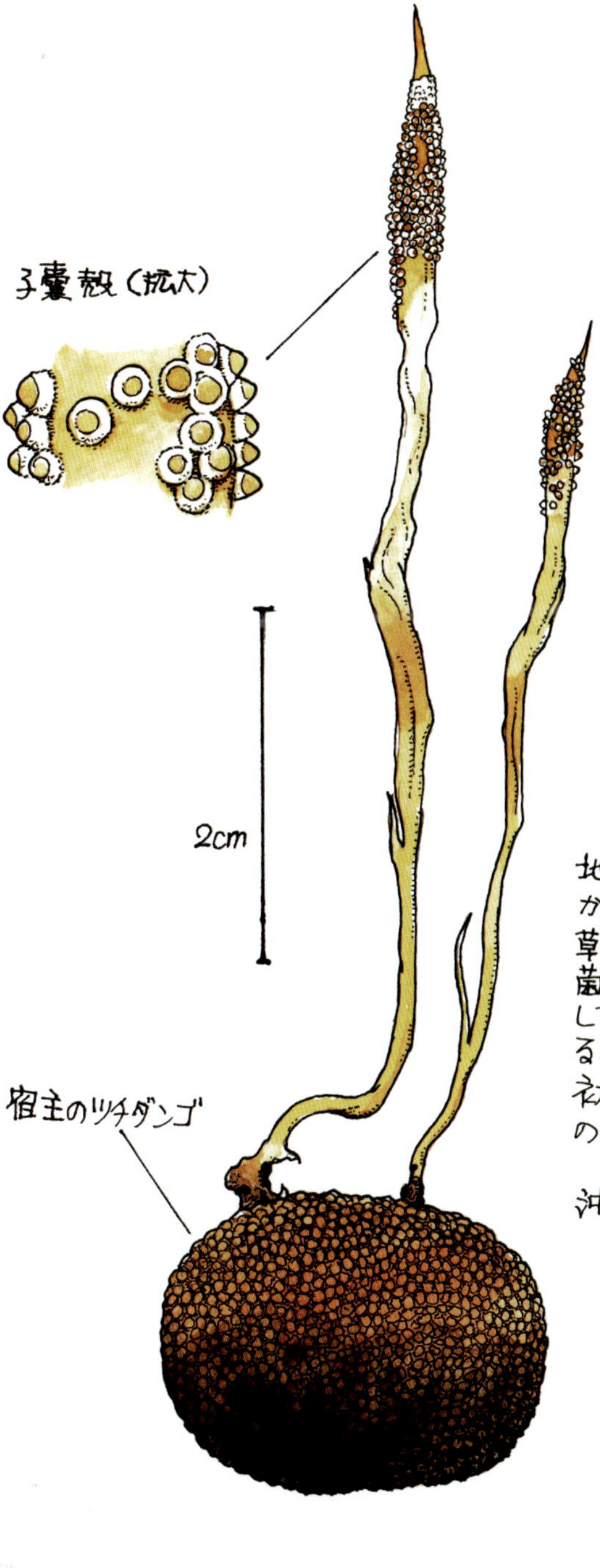

地下生菌のツチダンゴ類から発生する菌生冬虫夏草の一つ。ただし他の菌生冬虫夏草に重複寄生している種の可能性もあると考えられる。奄美大島で初めて見つかったのでその名がある。

沖縄島産 11.5.19

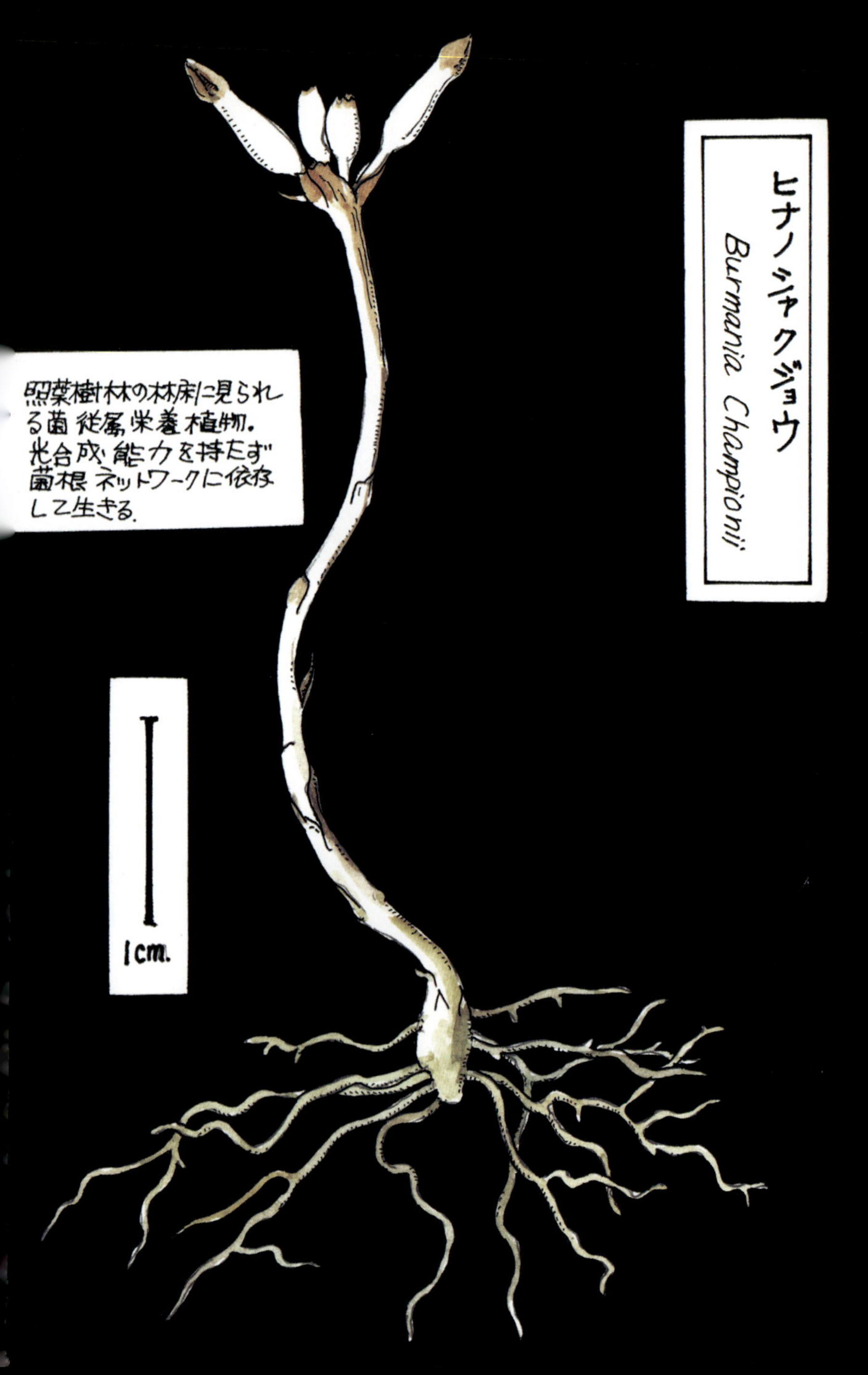
ヒナノシャクジョウ Burmania Championii
照葉樹林の林床に見られる菌従属栄養植物。光合成能力を持たず菌根ネットワークに依存して生きる。
1cm.

雨の日は森へ

—照葉樹林の奇怪な生き物—

盛口 満

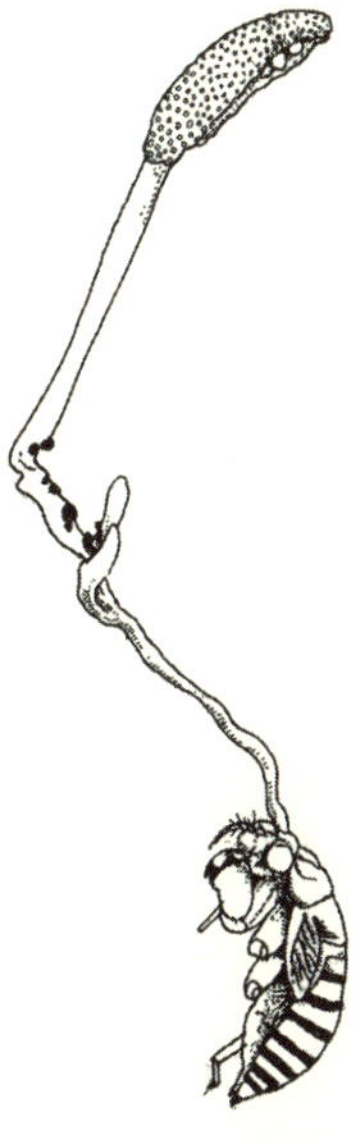

八坂書房

◎目次

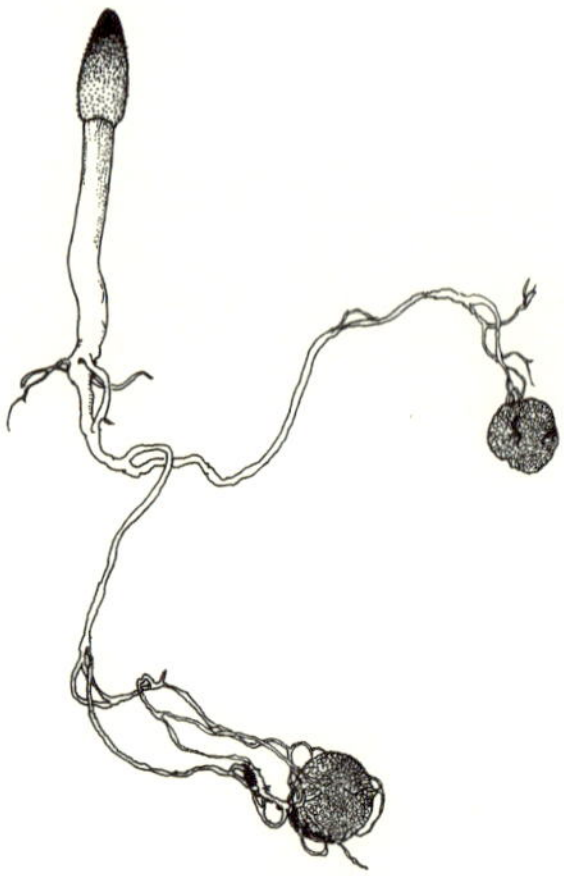

プロローグ

「あんまり、酔っ払わないように」

ヤマシタさんに釘を刺される。

ところは、九州南方に浮かぶ、屋久島。季節は梅雨の最中。

僕はふだん、沖縄島に暮らしている。沖縄島から屋久島までは、一度、鹿児島まで北上してから、再度、船か飛行機で屋久島まで南下する必要がある。この日の昼間、友人である島在住の写真家、ヤマシタさんといっしょに雨の中の森で生き物を探して歩き回った。

夕方、島の知人宅で、ヤマシタさんともども夕飯をご馳走になる。昼間、雨天の森歩きという苦行に似た活動の後だけに、冷えたビールがうまい。しかし、夕飯後、僕らは再度、森に向かう予定だった。だから、酔っ払うわけにはいかなかったのだ（ちなみに、ヤマシタさんは飲まない）。

夜、一一時。再び、森へ。

昼間、ひとしきり降ったからか、雨は小雨となっていた。

最初に出向いた森は、ひたすらの闇。その闇の森を、できるだけ懐中電灯を使わずに歩く。懐中電灯を使ってしまうと、見えなくなるものがあるからだ。

「ほら」

ヤマシタさんが、小さく、声をあげる。ヤマシタさんの示す方角の闇をじっと見据える。やがて、闇に慣れた目に、林床からほの白く浮かび上がるものが見えてくる。落ち葉が光っているのである。いや、光るというほど、光は強くはない。闇の中なのに、葉の存在がわかるという不思議な感じ。落ち葉にとりついた発光性の菌糸によって、落ち葉がわずかに白く見えるのである。

つづいて、海岸近くの、シイやマテバシイを主体とした常緑樹の森に向かう。

車を降りてすぐ、足元に光があった。見上げると、同じ光が、群星のように頭上で光を放っていた。

夜の森で迎えてくれた発光するキノコは、シイノトモシビタケだった。さきほどの落ち葉に比べるとあまりにはっきりと光っているので、自分の目を疑いたくなる。本当に光っているものがキノコなのか、何度も懐中電灯をつけたり消したりして、光の正体を、つい確かめてしまった。シイノトモシビタケは、足元に転がっている落枝にも、頭上のシイの枯れた幹にも生えていた。

「こっちにギンガタケが生えているよ」

ヤマシタさんの声に招かれ、シイの幹に目をこらすと、表面にボウッと光る点々があるのがわかる。直径三ミリほどの小さなキノコの群生である。シイノトモシビタケに比べると、ずっと暗い。

「ヤコウタケはないかなぁ。確か、こっちのほうにあったけど」

ヤマシタさんが言う。

ヤコウタケは屋久島ではサルトリイバラの枯れ茎や、竹に出ると言う。ところが、この日見つかったのは立ち枯れの木に出たもの。もうボロボロで、樹種は不明だった。傘の直径が九ミリほどのキノコで、傘の表面にはぬめりがある。

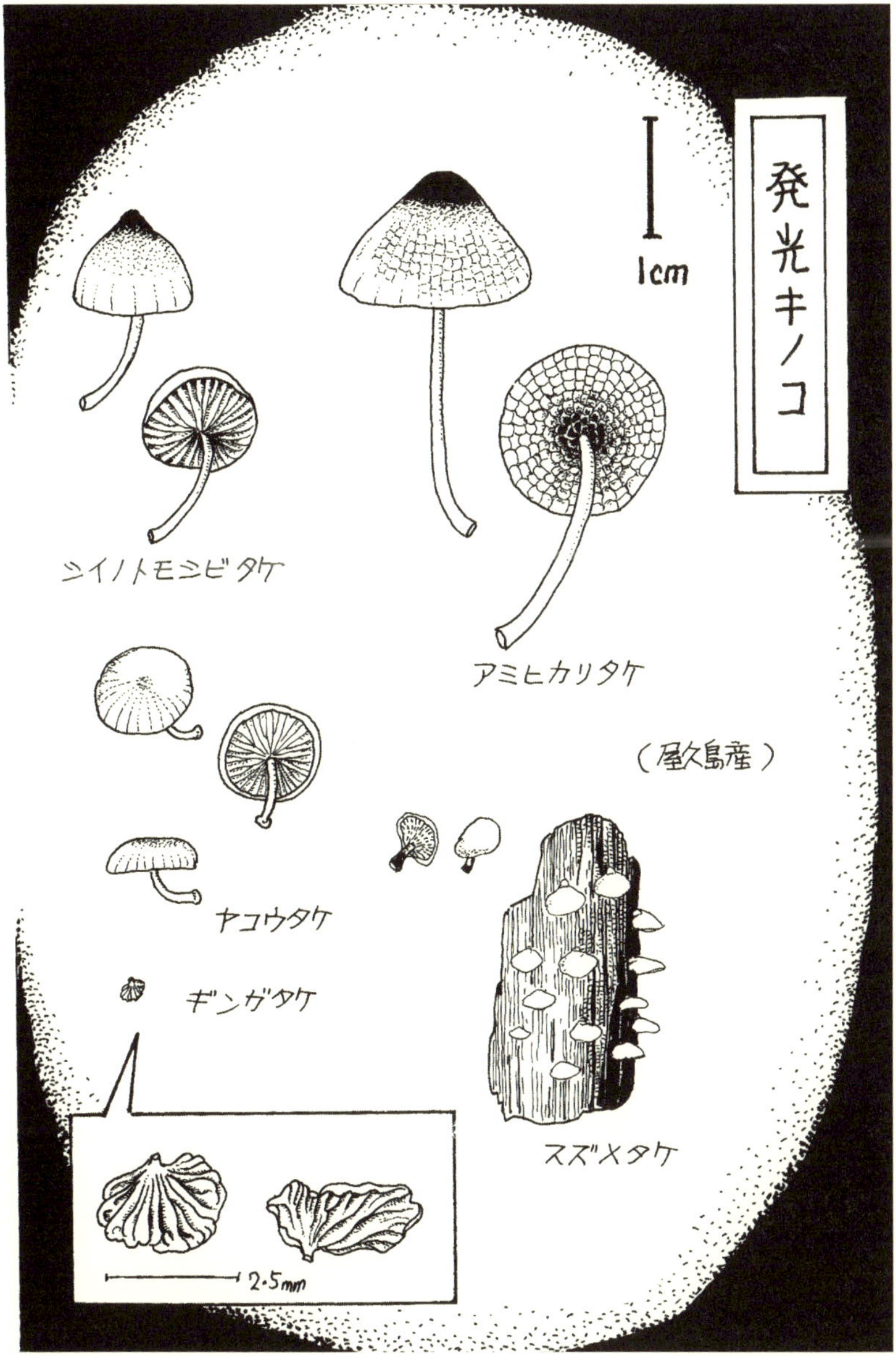
発光キノコ
1cm
シイノトモシビタケ
アミヒカリタケ
(屋久島産)
ヤコウタケ
ギンガタケ
スズメタケ
2.5mm

倒木上では、アミヒカリタケも見つかった。傘の直径は一・八センチほどのこれもそう大きくないキノコであるが、傘の裏側がヒダ状にはなっておらず、小さな丸い穴がたくさん開いている特徴的なキノコだ。

アミヒカリタケは僕の住んでいる沖縄島の森でも見つけたことがあって、このとき、困ってしまったこと……をふと思い出した。僕の家は、沖縄島の中でも、都市部である那覇の街中のマンションにある。その日は、昼のうちに那覇に戻らなければならなかったので、アミヒカリタケを家に持ち帰ったのだが、那覇の街中の家では、アミヒカリタケのわずかな光を感知するために必要な闇が存在しなかったのだ。そこで、風呂場に閉じこもり、さらに自分の影で闇を濃くして、採って帰ったアミヒカリタケに目をこらした。結果、うっすらと柄の部分が光っているのを確認できたのだった。ところが、屋久島の森には、微弱な発行性のキノコの光を際立たせる闇が普通にある。屋久島の森で見たアミヒカリタケは、背景の闇の濃さとともに、まだ新鮮なものだったこともあって、僕が風呂場に閉じこもって見たものとは別格に光っていた。

スズメタケという、これも小型で群生する発光キノコも見つかった。スズメタケの光はシイノトモシビタケやアミヒカリタケに比べれば、ずっと弱い。もしこのキノコを那覇に持ち帰っても、その光を確認するのは容易ではないだろう。

この森では、ほんの少し歩いただけで、五種もの発光キノコを目にすることができた。

発光キノコがなぜ光るのか――そのわけは、まだよく明らかにされていない。ともあれ、写真家であるヤマシタさんは、夜な夜な、この発光キノコを見て回り、その前に陣取り写真を撮っている。

「沖縄や屋久島の森の中を歩いていると、なんだか海の底に潜っているような気分になるときがあるんですけど……」

僕は、光るキノコを見ながら、このところ思っていた、そんな思いをヤマシタさんに口にした。

「わかるなぁ。発光キノコを見に、夜の森に入るでしょう。そこでじーっとしていると、深海に潜っているような感じがする」

ヤマシタさんが、うなずきながら、そう返してくれた。

南の島の常緑樹の木々の繁る森の底は、昼なお暗い影の国だ。その森の底にたたずんでいると、まるで海底に潜り込んでいるかのような気分になる。夜、森の影は、さらに地球の影に包まれる。その闇とともに、森の底は深度を増す。

「夜の森でね、光るキノコは、いい演出をしてくれるよ。深海でアンコウが光っているような……」

ヤマシタさんがつづけた。

夜の森。光るキノコに誘われて歩いていくと、ぱくりと何者かが大口をあけて僕を飲み込む。

ヤマシタさんの話を聞いて、ふと、そんなイメージが涌いた。

夜の森。

そこにはさまざまな闇がある。

だからこそ、さまざまな光もまたそこにある。

タネガシマムヨウラン
Aphyllorchis tanegashimensis
照葉樹林の林床に見られる葉を
持たない菌従属栄養のラン。
屋久島にて

1章　原風景の森

闇

僕の職業は理科教師である。

僕が勤めているのは、沖縄県の県庁所在地、那覇の街中にある小さな大学だ。沖縄といっても、このあたりは、周囲にあるのはコンクリートの建物ばかり。東京と、そう変わりがあるわけでもない（ただし、ひょっとすると、東京より緑地が少ないかもしれない）。僕の専門は理科の中でも生物なのだけれども、ふだんの授業で学生たちを生の自然に触れ合わせられる機会は少ない。そこで、土曜日の一日、フィールドワークに、学生たちを外へと連れ出すことにする。大学を出て、マイクロバスで三〇分ほど……。

「まじ、ヤバイ」

マイクロバスから降り立った学生が、そう言った。

最近の学生は、なんでも「ヤバイ」だ。彼らが「ヤバイ」と言ったのは、道脇から見える鍾乳洞の入り口である。車道からほんの少し下りたところに、黒々と、そして広々とした洞口《どうこう》が開いている。これから、その中に入って行こうというわけである。

沖縄島は細長い島で、中南部と北部では自然が大きく異なっている。中南部は石灰岩地が広がり、地形も全体的には平たんである。そのため、古くから人々に利用されてきた歴史がある。一方、北部には石灰岩地は局所的にしかなく、全体的に山がちで、森も広がっている。北部はまた、ヤンバルという呼称があることもよく知られている。僕が光るキノコであるアミヒカリタケを見たのも、このヤンバルの森でのことである。

石灰岩は、炭酸を含む雨水によって、溶かされる。そのため、石灰岩地には、鍾乳洞が多く存在する。沖縄島南部にはこうした自然の鍾乳洞（ガマと呼ばれる）があちこちにあり、戦時中は避難壕としても使われた。

洞口付近は、大きな石がごろごろしている。その石の隙間に足を落とさないように気を付けて、洞内へと降りていく。

「イモリ！」

学生の声に振り返ると、鍾乳洞入り口近くの壁際に、小さな生き物がフリーズしていた。天然記念物のクロイワトカゲモドキだ。クロイワトカゲモドキは両生類のイモリではなく、爬虫類、それもヤモリの仲間であるものの、沖縄の人家によく出没するヤモリとはずいぶんと形が異なっている。全体的に黒っぽいが、背中には白や赤の帯があることも一般的なヤモリの体色とは随分と異なっている。

「カワイイ」

さっそく、学生たちはケータイで写真を撮りだした。しばらくフリーズしていたクロイワトカゲモドキだったが、撮影会がはじまると、さっと岩陰に姿を隠してしまった。

さらに奥へ。

足元を懐中電灯で照らし、一歩一歩、進んでいく。洞床の湿った粘土が靴にからみつく。ゆるやかに下っていく鍾乳洞を歩いていくと、やがて大きな岩が前にふさがり、その岩の右手に上る形で岩を迂回することになる。岩の陰に入り込むと、もう洞口は視界の外だ。一斉に懐中電灯を消すと、そこは、真の闇である。

「目が慣れない」

学生がそんなことを言う。暗闇でもしばらくすれば目が慣れるものだけれど、それは若干なりの光があってのことだ。真の闇では、いつまでたっても、何も見えはしないのだ。ただ、学生たちは二〇名ほどもいる。その人数の存在が、恐怖をどこかへ押しやっている。もし、たった一人でこの闇の中にいたとしたら、押しつぶされそうな感覚がするに違いない。

「吸血コウモリはいないの?」

学生が、不安そうに聞くので笑ってしまう。日本には吸血コウモリはいないよ……と。この洞内にいるのは、虫を食べるオキナワコキクガシラコウモリだけだ。

「ここには、戦争中の骨とかは落ちていないの?」

今度は、真剣な質問だ。

「あったとしても、たぶん、もう遺骨収集されていると思うよ」

そんな会話を交わす。いつのものかわからぬが、洞奥《ほらおく》の壁の一角には、さびた空き缶が置かれている。灯をともした跡なのだろうか。

しばらく洞奥ですごしたのち、今度はゆるやかな登り道を洞口に向かって進んでいく。洞に入るときと違って、かなり奥から洞口の明かりが道標となっている。洞口から出た学生たちの顔は、一様にほっとした顔つきだ。

「色があるね」

「風があるね」

ふだんは当たり前だったことを、そうしてひとつひとつ口に出して確認している。

ふだんの世界に「戻ってきた」のだ。逆に言えば、洞内のほんの三〇分ほどのあいだ、僕らは異世界にいたということだろう。

光

沖縄に移住したばかりのころ、ホタルの観察会の講師を引き受けたことがある。

自然観察会の中でも、ホタルの観察会の人気は高い。子どもはたいていが虫好きだけれど、大人になるとたいていの人が虫ギライになる。それでも、ホタルだけは人気がある。闇の中、ホタルがふーうと、光りながら飛ぶ。それを見るだけで、なぜだか人々は満足するのだ。だから、自然観察会の中でホタル観察会の講師は、かなり仕事が楽なのだけれど、唯一準備が必要なのが、観察にふさわしい場所の選定である。

沖縄島には本土とは異なるホタルが棲んでいる。一般の人のイメージは、とにかくホタルは光るものだというものだろう。ところが、幼虫は発光するが、成虫は発光しないというホタルもいる。また、ホタルの観察地というと、キレイな川を連想するのも一般的だ。しかし、沖縄に棲むホタルのうち、幼虫が川に棲んでいるのは、久米島固有のクメジマボタルただ一種だけである。いや、ホタルには数々の種類があるけれど、幼虫が水生なのは、ごく限られた種類にしかすぎない。

日本には約五〇種のホタルがいる。その中で幼虫が水生なのは、それこそゲンジボタル、ヘイケボタル、クメジマボタルの三種にすぎない。ホタルといって、すぐに思い浮かぶゲンジボタルやヘイケボタルは、暮らしぶりからいうと、ホタルの中では、特殊な部類に入ると言っていいのである。それ以外のホタルの幼虫はどうしているかというと、陸上でカタツムリの仲間などを捕食している。中には沖縄島で見られるタテオビフサヒゲボタルの幼虫のように、ミミズを捕食するものもいる。

沖縄島には水生のホタルはいないから、沖縄島でホタル観察会をしようとする場合、川の有無は関係がない（もっとも、沖縄県民でも、ホタルの幼虫は水生であるという思い込みは強い）。すなわち、沖縄の夜の森を歩くと、足元にホタルの幼虫が光をともしながら歩き回っているのを見ることになる。ホタルの幼虫が多いところだと、まるで地上の星座を見ているかのようですらある。

こうしたことから、かつては那覇の街中ですら、ホタルは珍しくなかった。ただ、街中に灯があふれ、闇が消えるにつれて、光でコミュニケーションをとるホタルは生活がしづらくなってしまっている。今でも那覇の街中にも、末吉公園などのようにホタルの光が見られるところはあるが、そこは公園内の緑地にホタルのために街灯のない区域を作っている。

さて、僕がホタルの観察会を頼まれたのは、那覇より車で三〇分ほど走ったところにある糸満市である。那覇のような街並みもあるが、一歩、街道をはずれると、まだ畑の多い、那覇よりは相対的には自然の残されている地域である。僕は観察会を頼まれた公民館の周辺を見て回り、ホタルの観察によさそうと思った緑地に目星をつけた。畑の脇の、木々が茂った、ちょっとした丘の周辺である。夜のとばりを一人で待つと、闇の訪れとともに、やがて思った通りに、クロイワボタルやオキナワスジボタルといった、沖縄島で一般的なホタルたちの光の明滅が目に飛び込んできた。

ところが、僕の選んだ観察場所に対して、クレームがついてしまった。

「あそこは墓があるからね。私たちは気にしないのだけど、もし子どもが転んでけがでもしたら、その子のおばあさんが、あんなところで観察会なんかするからだよって言い出しかねないから……」と。

僕からしたら、畑の脇の、木が生えた単なる丘だったのだけれども、その木々の下には墓所があったのだ。

沖縄の墓と言えば、亀甲墓《かめこうばか》と呼ばれる大きなコンクリートやサンゴ岩を使った墓が有名であるが、もっと簡単な墓もある。

ある日のこと、沖縄島南部の森を歩いていたら、鍾乳洞の入り口に気が付いた。そこで中に潜り込んでみることにした。

洞口は広かったが、そのうち、奥へ行くと、天井が低くなってきた。しかし、その奥へさらに行くと、再び広場状に広い洞窟になりそうだ。それに、僕の入った入口以外にも洞口があるようで、広場状の洞窟は、案外明るそうである。そこで、狭い部分を潜り抜けて、広場状の所に出ようとしたときのこと……。

「あれ？」

そう思う。

潜り抜けた狭い部分の岩が、どうも人工的に積み上げられた石垣のように見えたのだ。そこでよくよく広場状の中を見渡して「あっ」と思った。甕が置いてある。墓であった。自然の洞窟の一部を区切って墓が作られていたのだ。そのため、僕は洞窟探検をしているつもりが、墓の内部に入り込んでしまっていたのだ。

「ごめんなさい」

一人、そう心のうちで声をだして、仕切りとなっていた石垣を乗り越え、もと来た洞窟へと戻った。

沖縄島の石灰岩地では、こんなふうに、鍾乳洞を墓として使っていたり、石灰岩の崖を掘りぬいて墓として使っていたりする場合があるのだ。その石灰岩の上に森が茂っていると、外から見ただけでは、お墓があるかどうかわからない。

沖縄島南部は、古くから開発されてきた歴史がある。特に近年の開発のスピードは著しい。その中にあって、緑地として残されている場所は、それなりの理由があるのだ（結局、糸満からわざわざ那覇の末吉公園まででかけてホタルの観察をすることになった)。

僕にとっては、単なる木々の生えた丘は、沖縄の人にとってはふだんは立ち入らない異世界である場合がある。異世界の有り方というのは、こんなふうに、見る(感じる)人によっても異なっている。

恐怖

僕には霊感とかいうものがないらしい。幸か不幸か、まだお化けに会ったことがない。そうしたことに加え、僕の父が理科教師であったこともあって、「お化けなんていない」と僕は思っている。ところが友人の中には、お化けらしきものに会ったことのある者もいる。

友人の話を聞いただけなので、細部はうろ覚えであることをお断りしておく。

友人の一人は、洞窟探検が好きだ。コウモリなど、洞窟ならではの生き物を見ることができるからだ。ちなみに、この友人も、「お化け」などに興味を持っていなかったという。

関西に住む彼は、ある日、コウモリを見に地元の洞窟に出かけた。ところが洞内で彼を待ち受けていたのは、自殺した人の遺体であった。彼は警察に届け出をし、遺体は回収された。

それからしばらくして、彼は再びこの洞窟の周辺にやってくる機会があった。ずいぶん久しぶりだなと、彼は洞内に入り、コウモリを見に行った。異変が起こったのは、家に帰ったときだった。自宅のドアを開けると、ふだんならすり寄ってくるはずの飼い猫が、ふーっと息を荒げ、毛を逆立てて友人を威嚇してきたのだ。このとき、「〝何か〟を連れ帰ってしまったのでは……」という思いを彼は抱いた。聞きかじった知識をもとに、大急ぎで塩をドア付近に盛った。すると、室内に入った彼に対して、ネコはいつも通りの接し方をするようになった。が、ふと見ると、ネコがドアのほうを見て威嚇しているではないか……。

その日の夜、なかなか寝付けなかった友人は、ふと天井から足音が聞こえてくるのを聞いた。マンションの一室で寝つけなかった彼は、階上の住人も自分と同じく寝つけずにいることに、少しだけ癒される思いがした。しかし、間もなく彼は、自分の部屋がマンションの最上階だったことに気づいてしまった……。

ネコの不審なしぐさはしばらくつづいた。が、やがて、その行動は収まっていった。

思い返して、彼はフィールドノートを見返すことにした。彼が再度、洞窟に入ったのは、最初に自死した人の遺体を見つけてちょうど一年後のその日のことであった。

「あれは、なんだったんだろう……」

彼はいまだに霊だのお化けだのを特別に信じているわけではないので、こんなふうに僕に問う。

霊やお化けと言われる存在が、はたして本当にいるかどうかはわからない。先に書いたように僕自身はいないと思っている。しかし、僕の中にも、闇については漠然とした恐れがある。闇の中には、理性ではきちんと整理しえない、目には見えない恐怖が待ち受けているのではないかという恐れを持っているのだ。考えてみると、僕らの祖先は、森や草原の中で、僕らよりはるかに夜目の効く肉食獣の存在におびえ、幾夜をすごしてきたのではないだろうか。つまり、始まりは具体的な恐怖対象に、さまざまな抽象的な存在も含ませながら、闇に対する恐怖が受け継がれてきたのかもしれないと思う。

それとは別に、現代においても、闇と関連した、具体的な、つまりは目に見える恐怖というものもある。

もう一人の友人も、ときとして洞窟に入り込む。彼は方向音痴を自認しているので、なるべく危ないことはしないように注意している。それでも時には失敗することがある。

洞窟内にはコウモリだけでなく、さまざまな昆虫やクモが棲みついていることがある。そうした昆虫を探しに、洞窟に入り込んだときのこと。

彼が細い通路をくぐって進むうち、ぽっかりと天井の高い広間のような空間に顔を出した。ここはよさそうだ――そう思って探すと、お目当ての昆虫が確かにいた。さて、目的も果たして帰ろう――そう思った彼は愕然とする。どこから入ってきたのかわからなくなってしまったのだ。じつは広間に口を開けていた通路は、一つではなかったのだ。いくつもの通路が口を開けていた。広間に入ったときは、やれうれしいと、あまり気を付けていなかったのが失敗のもと。

ここであわててはいけないと、彼は自分に言い聞かせた。

注意深く、ひとつひとつ通路の入り口を見て歩き、足跡らしき痕跡がある通路を見つけ出し、その中に入って行くと、幸い、出口にたどり着いた。

「目に見えない恐怖」にせよ、「目に見える恐怖」にせよ、僕には、洞窟をめぐるこんな濃いエピソードはない。せいぜい、墓の中に迷い込んだことがあるぐらい。彼らのように濃いエピソードに出会うほどには、洞窟に入り込んでいないからだ。

生き物に対して、一線を越えて付き合い続ける人々のことを、「生き物屋」と呼ぶ。生き物屋には、なんにしろ、こんな濃いエピソードがつきものだ。彼らは恐怖を道連れにしてもなお、生き物に会いたいという強い思いがあるからだ。

妖怪

僕の子ども時代に、「妖怪人間べム」というテレビアニメがあった。どんな内容だったのか、さっぱり覚えていない。けれども、主題歌の「早く人間になりたーい」という一節は、強烈な印象として覚えている。その一節が、どこか、他人事と思えないところがある。

僕も、一時、「早く〝普通の〟人間になりたーい」と思っていた。

自分がほかの人と少し異なっていることを自覚したのは、小学校高学年くらいからだったろうか。小学校三、四年生ごろまでは、誰でもみんな生き物が好きなのだけれど、高学年にもなると、少しずつ、生き物の世界から卒業していく。しかし、いつまでたっても卒業ができない子がいて、僕がまさにそうした子の一人であった。中学、高校となるにつれ、「普通」の同級生との違いに対する違和感は大きくなり、普通の人へのあこがれも強まった。

ただ、大人になるにつれ、やがて、その思いは薄れていった。どうせ、普通の人へはなれはしないとわかったのだ。それに、自分だからできること、自分だから面白いと思うことがあるのも、わかってきた。それでも、僕の中にある普通の人へのあこがれが、まったく消え去ってしまったわけではない。

ところが、世の中には生き物屋という人々がいる。生き物屋は、「〝普通の〟人間になりたーい」という思いを持ってないどころか、「〝普通じゃない〟人間になりたーい」と思う人々であるのだ。

例えば――、

物心ついたころから石をめくって生き物を探していたという本土在住の生き物屋のことを引合いに出してみよう。彼は沖縄に一泊二日の行程でやってくると、朝から晩まで森に入り込み、ひたすら石をめくり続ける。しかも、その石をめくるスピードが尋常ではない（むろん、生き物を探してのことである）。

森の中で、ひたすら石をめくり続ける男。

もし、森の中で、突然目にしたら、それこそ妖怪でも目にしたように思うのではないだろうか。

実際に、その「妖怪 石めくり」を、友人が僕に引き合わせてくれたことがある。そのとき、友人と妖怪 石めくりが二人して熱く語り始めたのが、「いい石とは何か」という話題であったので、あっけにとられる。つまり、どんな石の下に、生き物がたくさん隠れているかが、めくる前にどれだけわかるか――という話に、二人して熱中したのだ。

「一回どかした石でも、数か月後にはいい石に戻ります」と、妖怪 石めくりは言う。「いい石の写真集とか作りたい」と言うほどである。ちなみに彼の体の筋肉で発達しているのは「石どかし筋」なのだとか。

僕の友人の生き物屋がまた、その話に絡む。「僕の体験だと、いい石というのはあまりコケが生えていなくて……」と。

妖怪 石めくり
森の中にて
ひたすら石を起
こしつづける者也。
時に細長い管のや
うな口にて石の下の
蟻などを吸いとると
言ふ。

生き物屋は、対象とする生き物のジャンルによって、さらに細分される。妖怪 石めくりは、石をめくった後に出てくる生き物のうち、特にアリに強い関心を持っているので、アリ屋と言ってもいい。そのアリ屋と話し続ける僕の友人は、昆虫の中では直翅類というバッタやキリギリスの仲間が専門で、中でも洞窟によく見られるカマドウマを専門とする（だから洞窟にも時として入り込む）カマドウマ屋である。つまり、二人は専門とする生き物のジャンルは少しずれているし、その生き物を探しに出かける場所も、探し方にも違いがある。それでも、二人して、「いい石とはなにか」について、大いに語り合えるのである。

生き物屋同士は、たとえお互いに初対面で、ジャンルが違ったとしても、互いに妖怪的な部分があるかどうかが、即座にわかる。妖怪的な部分のことを、妖怪度と言い表してもいいだろう。生き物屋同士が集まると、互いの妖怪度の披露合戦みたいになるときが、しばしばある。さらに生き物屋としての「格」の高さは、それぞれの生き物屋の妖怪度の高さによっているようにも思う。

僕も、生き物屋の端くれであると思っている。

しかし、僕の場合は、妖怪度が低い。普通の人へのあこがれと、妖怪へのあこがれを共に持ってしまっているからだ。つまりは、「妖怪人間」こそ、この僕だ。

妖怪人間

カマドウマ屋の友人の職は、環境アセスメントの調査員であり、日々の仕事場が森や海辺だ。さらに彼は家の中にさまざまな生き物を飼い、毎週土日になると、ヤンバルまで趣味で生き物を見に出かけている。

これが、妖怪的に、〝正しい〟生き方である。

彼の専門はカマドウマと呼ばれる虫である。この虫は、奇異な姿と不規則な動きから、嫌われることも多い虫だ。しかし僕の友人は、このカマドウマを追い求める。カマドウマは、種類によっては、かつて、人家のカマド周辺にも姿を現したことからその名がある。ただ、姿を現すのは夜になってからだ。この虫はふだんは暗所に潜み、夜になると外へと活動域を広げるのである。そのため、カマドウマを追うのは、闇との付き合いが必須となる。例えば友人は、夕暮れどき、墓所の前でカマドウマを待っていたりする。沖縄の墓は、内部がとても広いため、昼間そこを隠れ場所としていたカマドウマが、夜になるのを待って、墓の入り口の隙間から這い出てくるのを待っているわけだ。知らない人が見たら、夕暮れの墓所で、ひたすら「なにものか」を待ち続ける男……。やはり妖怪である（「妖怪闇のぞき」とでもいうべきか）。

僕は妖怪人間である。

僕の中の人間的な部分が、まっとうな職を選ばせている。それこそ、青少年時代の僕があこがれていた普通の若者たちを相手に理科教育の方法を教えるという、大学教員としての職だ（僕が所属するのは教員養成にかかわる学科である)。

僕は、沖縄の都会に住み、週におおよそ五日は大学に通い、その中にカンヅメとなる。にらめっこしているのは、生き物ではなく、学生たちであり、それよりも多分にパソコンや書類だ。

ところが、妖怪人間であるから、僕は妖怪的な部分も持ち合わせている。

毎日、朝から晩まで都会で暮らしているうちに、僕の中の妖怪的な部分が、悲鳴を上げる。すると、矢も楯もたまらなくなって、沖縄島の中でも自然が残る、ヤンバルに向かって車を走らせることになる。那覇からヤンバルの森までは、車で二時間ほどもかかる。その車中で、少しずつ僕の中の妖怪が解きほぐされていく。週末と言えども、なかなか丸一日、自然の中に浸れる時間がとれないので、夕方や夜になってからヤンバルの森に出かけ、ヤンバルの森の林道で一泊し、朝方森を歩いて那覇に戻る——というパターンが多い。

夜の森に入る前、コンビニでつまみとお酒を少々買う。

ヤンバルの夜の森の林道でも、たまに車が停まっていることがある。いつも車を停める場所にほかの車があれば、そこは素通りして別の場所を探す。

せっかく森に来たのだから、人になぞ、会いたくはないではないか。

ほんの一時だが、このときばかりは、僕の妖怪度は高くなっているのだ。

林道に車を停めたら、しばらく、夜の森を、懐中電灯片手に歩きまわる。夜の森は昼の森と様相を異にする。懐中電灯の光の先だけが、目に見える世界だ。その背後には「目に見えない」異世界が広がっている。昼間、何度も歩いたことのある山道を歩いていても、なかなか森の奥までは入って行きづらい、ためらいがある。懐中電灯の光に照らされる生き物たちも、昼の森で見かける者たちとは異なった顔ぶれや、昼の森とは異なった振る舞いだ。

夜の森の常連は、昼間よりも湿気が多いことを感じて這い出してきた、大きなヤンバルヤマナメクジだ。その這い跡が光に照らされ、キラキラと光って見える。大きく体を膨らませているのは、機嫌がよい証拠。脚が異様に長いザトウムシの仲間が、昼間の佇んでいるだけの姿とは対照的に、体を振りながら地面を足早に動き回る姿が見られる。樹幹で、懐中電灯の光でテラテラと体表を光らせるのは、ハッとするほど大きなオオゲジである。捕まえようと思うのだけれど、どこかで手を出しかねる思いもあって、その躊躇を見越したようにオオゲジは僕の手をすり抜ける。ある晩などは、すぐわきにイノシシがいてびっくりしたこともある。

何が出てくるかはわからない。大したものにゆきあわないこともある。それでも、懐中電灯片手の森歩きで、だいぶ、心が落ち着いてくる。

車に戻って、車の中で一杯。懐中電灯を消す。頭上には星空。林道には点々とホタルの幼虫の光。遠くにリュウキュウコノハズクの鳴き声がする。誰もいない車中での一献が、さらに身をほぐしていく。そのまま座席を倒して、朝まで眠りにつくことにする。

そんなある日のことである。いつものように夜のヤンバルに出かけた。那覇を出たのが遅かったので、ヤンバルの林道についたのは、すでに夜の一〇時をまわっていた。

いつも車を停めるスペースにはほかの車が置かれ、テントが張られていた。先客の邪魔をしたくないと思い、少し離れた林道に車を停め、林道沿いを歩いて生き物を探す。そのあと、これまた、いつものように、一杯やって、眠りについた。

翌朝、テントの張られた駐車スペースに車を入れ、山道を伝って、途中から道なき森へと入りこんだ。しばらく森の中で生き物を探してすごし、山道に出ると、道の先に一人の男の人の後ろ姿が見えた。恐らくテントの主だ……と思った。彼は、僕が車を停める以前にテントを出て、山道に散歩に出かけたのだろう。そして僕が森に入り、出てきたところで、ちょうど、テントに戻る途中の彼と出会ったということらしい。

僕は何の気なしに、すたすたと山道を歩いて、ぶらぶらと歩いていた彼の背後に近づいた。

ハッ。

もう少しで追い抜くところまで来たときに、何らかの気配を感じて、彼が後ろ振り返った。その顔には驚きがあった。

それはそうか。

朝、誰もいないうちに起きだして、一人、森の中の山道を散歩し、引き返して来たら、いきなり背後から、誰かが来たわけだから……。

ごめんなさいと思いながら、ちょっとだけおかしくなった。自分が妖怪のような気がしたものだから。

しかし僕は妖怪人間である。その僕の人間的部分は、とても怖がりであったりする。

ここで、僕の生い立ちについて、少し語ってみたい。

東京駅から京葉線まわり内房線直通の特急、ビューさざなみに乗車すると、二時間ほどで房総半島先端部に近い館山に到着する。その館山が僕の生まれ故郷だ。

内房線を館山方面へと南下すると、途中、君津を過ぎたころから、低い山々がこんもりとした木々に覆われているのを目にとめることができる。六月ごろは山全体が柔らかなクリーム色に包まれて、なんとも言えない美しい風景を生みだしている。山々を覆うブナ科の樹木、マテバシイの花が一面に咲いたのだ。

「一番身近な木と言えば何か」という質問に対して、人はさまざまな答えを返す。もっとも、この問いに対する回答に、一般的な傾向はある。京都の大学生にアンケートを取った集計結果では、一位サクラ、二位イチョウ、三位スギという回答結果が得られ、この上位三種の合計で回答の六三・四パーセントを占めた。むろんこの質問に対する回答は地域差がある。沖縄出身の大学生のアンケートの集計結果では一位ガジュマル、二位デイゴ、三位マツという結果となり、一位のガジュマルは単独で五八・九パーセントの回答率を占めていた。そして僕の場合、「一番身近な木」というのは、先のマテバシイということになる。

館山周辺において、マテバシイは裏山にごく普通に生えている木である。僕にとって、夏、カブトムシやクワガタを探す樹液の出る木は、クヌギではなくてマテバシイであった。また、秋に夢中で拾い集めたドングリもマテバシイであった。マテバシイのドングリは細長い。ツヤのある殻は日本産のドングリの中では一番硬い。冬、焼き芋を焼くのもマテバシイの落ち葉であることがしばしばだった。よく枯れたマテバシイの葉は、火にくべるとパチパチと音をたててよく燃えたものだ。何よりマテバシイを一番身近な木として認識しているのは、実家の生垣さえマテバシイだったからだ。

マテバシイを含むブナ科の樹木は、種によってその分布が異なっている。マテバシイは日本産のブナ科としては南方系の種類である。マテバシイは日本固有種で沖縄島南部の沖合にある慶良間諸島を南限としていて、本来、沖縄から九州南部にかけての地域が自生地だったのではと考えられている。すなわち、僕の生まれ故郷である房総半島南部はマテバシイ林が広く見られるが、これは植栽されたものであろうと言われている。房総半島南部においては、丘陵一帯がマテバシイに覆われている景色が見られ、僕にとってはそれこそが小さいころからのおなじみの風景であったりするわけだが、これは人為的に作られた風景なのだ。

九州南部や沖縄などの森でマテバシイを探すと、森の中でも尾根筋に沿って生育している姿が見られ、これがマテバシイの本来の生育状態のようだ。房総半島においてマテバシイは、薪炭材としてのほか、ノリを養殖する際のヒビ材（海中に立てる柱）として使われていた。

ちなみに僕の生まれ故郷ではマテバシイがあまりに身近であったため、身近な林の代表とされるブナ科の落葉樹であるクリやクヌギ、コナラなどを主体とする雑木林は、社会人となって埼玉の学校で教鞭をとるようになるまで、どこか縁遠い存在に思っていたものだった。

僕は小さなころ、マテバシイ林にドングリを拾いに行ったり、樹液に集まる虫を採りに行ったりした。しかし、それは林縁沿いに限った話であった。子ども時代の僕が、マテバシイ林の中に入り込むことはまずなかった。まず、マテバシイ林の中に入り込む理由がなかった。マテバシイは常緑広葉樹であり、その林の中は常に暗い。マテバシイの純林の場合、林底はマテバシイの落ち葉と、せいぜいキノコが目に入るぐらいで、ほかの植物も、ひいては植物に集まる昆虫も、ほとんど目に留まらない。さらに、暗い森の中に入ること自体が躊躇された。

端的に言えば、マテバシイの森は身近でありつつも、どこか入り込むのが怖い存在であった。恐怖には、目に見えないものと、目に見えるものがある。むろん、僕がマテバシイの森へ対して感じていたのは、漠然とした目には見えない恐怖だ。

照葉樹林

マテバシイの森は常緑広葉樹林なのだが、日本の暖地に広がる常緑広葉樹林は、別名、「照葉樹林」とも呼ばれる。その照葉樹林こそ、僕の原風景の森である。

マテバシイ林のほかに、もう一つ、僕にとってなじみが深い森がある。マテバシイと同じく常緑広葉樹であるクスノキ科のタブを主体とした森である。館山は海沿いの町である。照葉樹林というのは、主にブナ科のシイを主役に据えるものなのだが、海岸沿いなどではタブや同じくクスノキ科のヤブニッケイのほうが優勢になる。

マテバシイはドングリと呼ばれる実をつける。ドングリは何をすることなくとも無性に拾い集めたくなる形をした実だ。しかもドングリの中でも殻の硬いマテバシイのドングリは、そのままとっておいたり、笛を作ったりすることもできる。それに対して、タブの実は硬い種の周りに柔らかな果肉がつくという普通の実だ。タブも樹液を出すのだが、館山ではその樹液に虫が集まるのを見たことがない。そのため、タブの木自身が子ども時代の僕にとって親しい存在であったわけではない。

僕の生き物との付き合いは、小学校低学年のときからの貝殻拾いに始まる。その貝殻拾いのフィールドが、実家から歩いて二キロほどのところにある沖ノ島という小島の海岸だった。小学校時代を通じて、何度通ったかわからない。沖ノ島は「島」といっても陸続きとなっている島だ。本来は館山湾に浮かぶ本当の離れ島であったのだが、関東大震災によって海岸が隆起し、その後、浅瀬となった海岸が埋め立てられた影響で、陸地と地続きになったのだ（地理学上、トンボロと呼ばれる、砂州で本土とつながっている島である）。そうして、この沖ノ島が、タブの巨木を主体とする常緑の木々に覆われていたのである。

少年時代、貝殻拾いに島にたびたび訪れていた僕は、どうにもこのタブの森が苦手だった。島の反対側の海岸にたどり着くためには、タブの森の中の道を通りぬける必要があった。そのたびに僕は、半ば走るようにして通り過ぎた。常緑のタブの森の中は、マテバシイの森同様、いつも薄暗く、僕はその森に、目には見えない恐怖を感じてしまっていた。

その森と、あらたな付き合いをすることになったのは、大学生になってのことである。

小さなころから生き物が好きだった僕は、やがて大学の理学部生物学科に進学することになった。

所属することになったのが、植物生態学の研究室——平たく言えば森の研究室であった。

大学四年になったとき、僕の卒業研究は、小さなころに通い詰めた沖ノ島の森をフィールドとすることに決まった。僕は大学四年の半年間、一人で毎日のように沖ノ島の森に潜り、木々のデータ（樹種、太さ、位置など）を記録し続けた。総数で二一六六本。もっとも太い木はタブで胸高直径（人の胸の高さで測る、樹木の直径）は九七センチもあった。

さすがに毎日、森の中に潜り込んでデータをとっていると、「暗い」だの「怖い」だのと言っておられなくなる。直接的にタブの森の中で過ごす時間が増えたとき、僕が森に対して抱くようになった感情は、「不快」というものだった。

僕は早春から夏にかけて、森に潜り続けた。その森は、カがわんさといる森だった。照葉樹林の森の中は風通しが悪い。かといって半袖ではたちまちカの刺し痕だらけになってしまう。暑さを我慢して長袖をつけていても安心はできない。僕の両手はデータを計測するための巻尺や、データを描きこむための画板によって占領されていた。カはそれを見逃さなかった。無防備な手の甲にたかったのである。やむなく僕は、昼ではさんでカを捕まえ、つぶして吐き捨てるという技を編み出した。ひとしきり調査が終わると、服を脱いで海に入って、汗にまみれカに刺されまくった肌を水にさらした。

照葉樹林は僕の原風景に染みついた森である。

しかし——、

「暗い」「怖い」「不快」な森。

それが照葉樹林に対する、僕の抜きがたいイメージであった。

僕は大学を卒業後、埼玉の雑木林に囲まれた私立学校の理科教師となって赴任した。その学校で一五年間の教師生活を送ったのち、思うことがあって、沖縄島に移住することにした。沖縄島は全島、照葉樹林帯にある島だ。だから、僕は沖縄に移住した当初、なかなか、森の中に入り込むことができずにいた。当然、雨の日の森や、夜のとばりが訪れてからの森は、まして言わんや……であった。

2章　妖怪たちの森

コケの森

「照葉樹林ですねぇ」

キムラさんが、ふと上を見上げてそうつぶやいた。そこには、黒々としたガジュマルの葉影があった。

僕の照葉樹林に対してのイメージが変わったのは、コケとのつきあいがきっかけだった。ひいては、そうした変化が、僕を照葉樹林の森の中へいざなうことになる。

沖縄に移住してからあらたに興味を持つようになった生き物がいくつかある。そのうちのひとつがコケだ。コケは都会のど真ん中にも生えている。つまりはどんなところにも生えていそうな植物がコケだ。しかし、コケなんて、何をどう見ればいいのかまったくわからないというのも、コケに対する正直な思いであった。そんな僕に一から「コケ学」を教えてくれたのが奈良の小さな博物館に勤めるキムラさんだった。キムラさんは、コケを専門的に追いかけている、つまりは「コケ屋」である。

キムラさんも、かなり妖怪度が高いように思う。コケというのは、なんといっても、小さな植物である。生き物屋にとっては、対象とする生き物の同定作業は必須なのだが、コケの同定には、顕微鏡を使って、葉の細胞の大きさや形を観察する必要がある。ところが、キムラさんは、野外において、ルーペを使って大まかなコケの同定ができてしまうのだ（もちろん、正確な同定に関してはキムラさんといえども顕微鏡を使用する）。僕なんかからすると、これをもってしても、人間離れしていると思う。

さらにキムラさんは見つけたコケに「君はなんでここにいるの？」などと声をかけたりするのだ。コケと会話するなんて、妖怪以外の何物でもないだろう。さしずめ、「妖怪こけわかり」である。つけたしであるが、キムラさんは、海外でのコケ採集のおり、死にかけている。これは「目に見える恐怖（自然災害）」との遭遇において、あやうく命を落としかけた……ということなのだが、つまりは、そうした目にあうほど、コケを追いかけている中で、キムラさんは妖怪化していったということだ。

その、妖怪こけわかりのキムラさんが沖縄を訪れる機会がある。ここぞとばかりに、僕は沖縄の森を一緒になって歩き回った。

生き物屋の妖怪度には個人差がある。妖怪度の高い生き物屋は、日々、妖怪度を高めるように努力しているように見える。一方で、僕のように、もともと妖怪度を高める素質がないか、高める意志がないような者もいる。そんな僕でも、妖怪度の高い人と行動を共にすると、妖怪度の一部が「うつる」ことがある。僕はキムラさんとヤンバルの森を歩くことで、それまでとは、ヤンバルの森が違って見えるようになったのだった。

先にも触れたが、コケは小さなものが多く、種類の判別には顕微鏡による葉の細胞の観察が必要と

妖怪こけわかり
地に生へる苔などを好み 湿気のぐあいなども目に見へるらしく森の中にて 幾時間もたたずんでいる者也。
古井戸の周り 洞穴の出入口などにても時おり姿を現すと言ふ。
手には拡大鏡を持ち 腰には帯をしてその帯にたばさんだ小袋より紙包を取りいだしはがしおりし苔をその紙包に仕舞い込むなどとも言ふ。袋を万集めた者は 妖怪大こけわかりに変ずと言ふ。

なる。葉の縁の細胞が大きくなっているのはナントカだとか、葉の細胞にパピラと呼ばれる突起があるのがカントカの特徴だとか……。しかし、そんな種同定のノウハウよりも、キムラさんに教わった、コケを見る上での極意がある。それは、「コケを見つけるには、湿気を読む」という一言に尽きる。「湿気だまり」という言葉を教えてくれた人こそ、キムラさんである。

キムラさんとコケを見ながら歩くと、風景が一変して見える。コケなんて、どこにでも生えていて当たり前のものと思っていた。ところがそんなことはない。たとえば、井戸の周りだけ、コケがやたらに生えていたりすることに指摘されて初めて気づく。それは井戸の水面から絶えず湿気がたちのぼり、湿気だまりを作ることで、その湿気だまりの周囲にだけコケがよく繁茂しているのだ。なんとなれば、コケは歴史上初の陸上植物グループの子孫である。まだ葉の表皮に水分の蒸発を食い止める仕組みが発達していない。地中から水分を吸い上げ、体中に分配する根や維管束といった仕組みも持たない。もちろん受精をするときにも水が必須となっている。そんなふうに、コケは水とは縁が切れない植物なのだ。

コケがどこにでも生えているわけではないというのは、木の幹を見て回っても見て取れることだ。木の幹に着生するコケは土の上に生えるコケとは種類が異なっているのだが、木の幹に着生するコケが多いところも同様に、何らかの理由で湿気だまりが形成されていることの証だ。コケ屋であるキムラさんは珍しいコケを見るともちろん喜ぶのだけれど、コケをはぐくむ湿気だまりを見つけても喜んでしまう。たとえば井戸端におかれたベンチが苔むしているのを見つけたキムラさんが、そこに生えていたコケが普通種であったのにもかかわらず、「すげーすげー、湿気ているんだね」と歓声をあげていたことがある。これを見て、また、キムラさんの妖怪度の高さに感心してしまう。キムラさんは、ほとんどコケと同化しているような面があるのだ。だから、コケの生育にとって都合のいい環境を見つけるだけでうれしくなるらしい。

さらに、キムラさんの妖怪度の高さを強く思い知ったエピソードがある。キムラさんと沖縄中部の公園周辺を歩いていて、公園内の限られた木にコケが着生していることにキムラさんが気付いたときのことだ。すばやく周囲を見渡したキムラさんが、「あれです」と言ったのだ。そこには、石灰岩の露頭に小さな鍾乳洞の洞口が開いていた。どうやらそこから湿気た風が吹き出していて、その流れの先にある木々にはコケの着生が見られるということのようなのだ。これにはすっかり驚かされてしまう。宮崎駿のアニメ映画「風の谷のナウシカ」のヒロイン、ナウシカは「風を読むことができる」という設定だったが、妖怪こけわかりは、見えない空中湿度を読むことができる。

そんなキムラさんと、沖縄をあちこち見て歩いた。

コケもまた植物である。コケは種類によって日陰でも耐えうるものもあるのだが、それでも成長に光は必須である。沖縄に来たキムラさんが足元のコケを見ながら「照葉樹林だなぁ」とつぶやいたのは、照葉樹林の林床は落葉樹林に比べて暗く、コケの種類も量も少ないからだった。僕はキムラさんのこのつぶやきで、照葉樹林がコケにとってさえ暗い森であることを確認した。僕が少年時代、原風景の森に暗さを感じていたのは、もっともなことだったのだ。

もうひとつ、沖縄の照葉樹林に関してキムラさんに教わった大事な視点がある。

「樹幹着生のコケが少ないですね」

キムラさんはそう言う。コケに関しては素人同然であったものの、なんとかコケの生えていそうなところ——と、ヤンバルの森林地帯のさらに沢沿いにキムラさんを案内したのだが、期待したほどコケが見つからなかった。何より木の幹に着生するコケが少ないのがキムラさんにとっても驚きだったと言う。

沖縄は年中湿気ているというイメージをもっていた。実際、ビデオテープからなにからよくカビが生えてしまうのも事実である。しかし、沖縄島の中で最も原生的な自然が残るはずのヤンバルの森にはコケがそれほど生えてはいない。つまり、ヤンバルの森は、妖怪こけわかりから見てみると、ずいぶんと乾燥した森なのだ。

言われてみれば、思い当たる節はある。そもそも沖縄は気温が高いので、地表などから水が蒸発しやすく、乾燥しやすい。また沖縄では梅雨時期と、冬から春にかけては雨が多いが、梅雨明けから一一月までの夏季は、台風がこなければまとまった雨が降ることが少ない。

「どうやら、思っていたよりも、沖縄の生き物たちは乾燥との戦いにさらされているのではあるまいか」

キムラさんと森を歩く中、僕の中には、そんな思いが芽生えていった。

カタツムリの森

コケ屋をはじめ、生き物屋には数々種類がある。僕の場合は、少年時代に貝殻拾いから生き物に特別な興味を持ち始めたものの、「貝屋」というほどには貝を専門的に追いかけることはなかった貝屋のなり損ねである。同様、虫は好きなのだけれども、これまた「虫屋」を称するほど虫に詳しくはない。その一方で、「コケ屋」に弟子入りしたり、「骨屋」「ドングリ屋」「冬虫夏草屋」といった領域にも手を出したりしている。結局、僕は「なんでも屋」ということになる。あれこれとさまざまな生き物に手をだしているのが、生き物屋としての僕の在り方である。ところがこれは、生き物屋としては邪道の部類に入る。

本物の貝屋と話をしたことがある。

貝屋はつきつめていくと、深海の貝を追うか、カタツムリを追うかどっちかになるのだそうだ。海岸で拾えるような貝は、どちらかというと普通種だ。ほかの人が目にしたことがないような珍種を求めていくと、その生きつく先が、深海に棲む貝になる。しかし、そうした貝は個人では到底、集めることが難しい。いきおい、お金を出して珍しい貝を買い集めるという手段に頼らざるを得なくなる。それを快しとしない貝屋は、自力で採集できる珍種を求めて、局所的にしか分布しない珍しいカタツムリを求めて走り回ることになる……。

ところで、カタツムリを標本にするのには、一にも二にもゆで加減が重要なのだそうだ。カタツムリは陸地に棲む巻貝の仲間だ。きれいな標本を作るには、巻いている貝殻の内部に入っている軟体部を完全に取り除かなくてはならない。カタツムリをゆでると、軟体部が貝殻からはずれやすくなるのだが、ゆでる時間が短くても、長すぎてもうまくいかない。そして、カタツムリの種類によっても、大きさによってもゆで加減が異なっている。

僕が話を聞いた貝屋は、どのくらいの貝を何分ゆでたら中身が抜けたかを詳細に記録したノートを作っていると話をしてくれた。また、彼の友人は、いつも使う自前の道具でないと、どのくらいカタツムリをゆでていいか、うまく判断ができないのだそうだ。その自前の道具というのが、古ぼけた缶詰の空き缶と、電熱器……。カタツムリの標本作りを手伝ってほしいと頼むと、この貝屋は、缶詰の空き缶と電熱器持参でやってくるのだとか。こうなると、やはり妖怪じみている。さしずめ、「妖怪ゆでかげん」であろうか。

この話を教えてくれた貝屋の次の一言が、僕にとっては強烈であった。

「あれこれ手を出す人は信用ができない」

彼はそう言ったのである。

生き物屋は本来、ある特定の生き物を深く追いかけていく中でこそ、妖怪化するものだからだ。

そして、妖怪は妖怪をこそ信用する。

僕はやはり完全には妖怪化できぬ身の上らしい。

僕の基本がなんでも屋であるのは、理科教師という僕の職業とかかわりがある。理科の授業の中にはいろいろな生き物が教材として登場する。授業準備をする際に、そうした教材となる生き物を調べているうちに、ついつい深入りしたくなってしまうのである。さらに授業というのは、次々に新しい

妖怪 ゆでかげん
小さな鍋に湯を沸かし
蝸牛を煮ては その身を
抜く。身を食べるに有らず。
ただ身を抜く也。帳面を
持ち 身の抜けぐあいを記帳
すとも言ふ。殻の無きなめくぢ
を与へると当惑す。よく火を操
る者也。

内容を扱う必要がある。当然、あらたな教材となる生き物を調べだし……ということを繰り返すことになるわけである。もっとも、僕がなんでも屋であるのは、僕が飽きっぽいという個性の持ち主であることにも深く関わっていることは間違いない。

ただし、僕は特定の妖怪になりきれぬからこそ、あれこれとさまざまな妖怪たちに会っているということは言えるかもしれない。

僕は貝屋ではない。が、カタツムリを教材とするために、多少、カタツムリのことを追いかけたりはしている。その延長で、妖怪ゆでかげんの存在にも気づくようになったわけだから。

じつは、沖縄島南部はカタツムリの多産地だ。カタツムリは殻を作るのに石灰分を必要とする。そのため石灰岩地はカタツムリの宝庫となるのである。沖縄島南部に暮らす人々にとって、カタツムリがたくさんいるというのは、あたりまえだけれど、所が変われば、決してそんなにあたりまえのことではない。たとえば僕の友人の生き物屋の一人が長野県に住んでいるが、彼の住んでいる地域は火山性の地層で覆われていて、日常、カタツムリはほとんど目に留まらないと言っていた。

ちなみに那覇市内の公園の森で、一メートル四方内の林床に落ちていたカタツムリ（陸産の貝類）を授業の一環で、僕が大学のほかにかかわっているフリースクールの生徒と一緒に拾ってみたことがある。その結果、オキナワヤマタニシの四五三個を筆頭にして、シュリマイマイが七個、パンダナマイマイが六個、ウスカワマイマイが二個、ヤマタカマイマイ、アフリカマイマイ、アオミオカタニシがそれぞれ一個、落ちていた。たった、一メートル四方の枠の中に、これだけのカタツムリの殻が落ちていたのであるから、いかにカタツムリの多産地であるかがわかるだろう。

石灰岩の森

カタツムリの話を授業で取り上げたのは、沖縄島は南部と北部で森が違うという話を紹介したかったからだ。石灰岩を好む生き物がいるということはまた、石灰岩が苦手な生き物もまたいるということである。

コケにも石灰岩好きとそうではないものがいる。たとえばコケ屋のキムラさんに言わせると、コケは石灰岩との付き合い方で次の四タイプに分けられるのだそうだ。

一　石灰岩が好き
二　石灰岩でもいい
三　石灰岩は好きではない
四　石灰岩はヤダ

那覇の町中には石灰岩を切り出して作った石垣が多く見られるが、その石垣の上には、たいていカタハマキゴケが生えている。このコケなどは、一番の「石灰岩が好き」に分類できるコケだ。同様、森を構成する木にも石灰岩を好む植物や、石灰岩が苦手なものがある。そのため、石灰岩地の広がる沖縄島南部と、そうではない沖縄島北部では森の様子がだいぶ異なっている。森の様子が顕著に異なるのは、日本の温帯林から暖帯林にかけて森の主役となることが多い、ドングリをつけるブナ科の木々の存在が石灰岩の有無によって左右されるからだ。端的に言うと、ドングリをつける木々は石灰岩が苦手である。そのため、沖縄島南部出身者にとっては、ドングリはなじみの薄い存在なのである。もっともこれには例外がある。本土で見られるアラカシの亜種とされているアマミアラカシは、沖縄島の石灰岩地に限って生えている。しかしこれも、沖縄島南部に広く生えているわけではないので、ドングリを見たことがない人たちが、沖縄島南部には普通に存在している。それどころか沖縄県にはドングリをつける木は生えていないと思っている人もいたりするほどである。

「ドングリなんて、当たり前のもの」――というのは、本土を基準にしたものの見方である。「ドングリなんて、見たことがない」――これが、那覇を中心とした沖縄島南部に暮らす人々の当たり前なのだ。

では、石灰岩地の森はどのような森なのか。沖縄島南部は古くから人間による開発が進み、また戦禍も受けたことから、本来の森の姿ははっきりとはわからなくなっている。残された緑地を見る限り、タブやヤブニッケイといったクスノキ科の木々や、ガジュマルやハマイヌビワといったクワ科の木々が優先していた森であったのであろうと思う。「身近な木といったら?」の質問に対して、沖縄の人々は「ガジュマル」と回答する率が高いが、同じ沖縄島にあっても、ガジュマルはヤンバルなど非石灰岩地の森ではほとんど見ることがない木なのである。

一方、非石灰岩地である沖縄島北部、ヤンバルの森は、ブナ科のシイを主体とした森となっている。またシイに比べると数は少ないが、マテバシイ、ウラジロガシ、オキナワウラジロガシといったドングリをつけるブナ科の木がほかにも生えている。ただ、沖縄島の場合、ヤンバルに行ったとしても、

石灰岩地の森
ガジュマル
ハマイヌビワ
クワズイモ
沖縄島
ヤンバル
本部半島も
石灰岩が
分布
ヤンバルクイナ
などヤンバル
固有の動物
たちの生息域
中南部には広く石灰岩
地が分布する

これらのドングリを拾い集めるのはなかなか困難だ。沖縄島では北部でも公園などの手軽な場所にドングリをつける木が植栽されていることがなく、森の中で自生するドングリの木を見つけ、その木の下でドングリを拾わなければならないからだ。また、森の中でもドングリをつける木がまとまって生えているところを見つけるのは難しかったりする。

湿気だまりの森

たいていの人にとって、森の中に入るときには、何らかの目的があるだろう。山菜やキノコ採り、森林浴、登山、ハイキング、バードウォッチングなど。だから、コケを探しに森へ入る場合だってある。その日、僕は、ある種類のコケを探しに森に入ることにした。

時は一二月の中旬。沖縄ではまだ本格的な寒さは訪れてはいない季節である。目的地は、ヤンバルの森。

沖縄島は細長い島である。ヤンバルとはどこからかを指す言葉かということには諸説がある。那覇から高速に乗って北上、約一時間の距離にある名護から北がヤンバルである――というのが、一般的な認識である。ただし、ヤンバルクイナなどのヤンバル固有種の生き物たちは、さらに一般道を小一時間ほど北上した塩屋湾以北の森でなければ見ることができない。そしてヤンバルの中でも最北部の森にまで行こうとすると、僕の住む那覇からだと、片道三時間はかかる行程となる。

ヤンバル最北部の森の林道の一角に車を止め、僕は森の中の細い山道を歩き始めた。道の両側はシイの木を主体とする森が広がっている。ヤンバルの森に入るときは「目に見える恐怖」がたえず付きまとう。それが、ハブだ。この日もハブに気を付けながら、森の中の小道を進む（実際には、ハブに気が付かずに咬まれてしまう人もいるわけだから、目に見える――とは言い難い面もあるわけだけれど）。ハブに咬まれて死ぬ人は昔と比べて随分と少なくなった。それでも、ときどき、咬まれる人はいる。さらに死なないまでも、咬まれると猛烈に痛いという。まさに僕の歩いている森で咬まれた人の話も聞いたし、僕の友人が顔をハブに咬まれたのも、つい最近の話だ（幸い命に別状はなかった）。僕も、いつかは咬まれるのではないかと、うすうす覚悟はしている。

しばらく歩いていたら、急に便意を催してしまった。

どうしよう……。

車まで戻ったとしても、トイレまではずいぶんと車を走らせなければならない。便意を催すなんて考えていなかったから、ティッシュも何にもない。でも、がまんなんかしていたら、そっちにばかり神経がいってしまって、せっかく森に来ているのに、なにも気につかなくなってしまう。

そのとき、僕はまた一人の妖怪のことを思い出した。

彼はキノコの写真の専門家だ。キノコというのは生態系の中では分解者としての役割が大きい。そんなキノコを追っていたからなのか、それとも、もともとそうしたことへの興味が強いからキノコの写真の専門家になったのか、ともかく彼は人間の排泄物の行方に強い興味を持っている。生き物たちは死ねばその骸はほかの生き物たちの栄養となる。排泄物も同様だ。ところが人間だけは、骸は火葬にしてしまうし、排泄物もトイレから下水、汚水処理場と生態系と切り離された流れに載せられてしまっている。そこで彼は毎日の排便を土に返すという活動を始めた。具体的に言うと、朝、森の中に穴を掘り、用を足すと、土をかぶせるという活動だ。それがもう何年も何年も、毎日、途切れることなく続いている。ふだんは田舎暮らしなのだが、仕事で都会に出かけた際もなんとか場所を見つけ……というほどの徹底ぶりなのである。最近、彼はこの活動の普及にも力を入れるようになり、「野糞研究会」なる団体まで立ち上げた（僕も加入している）。その会での彼の呼称があって、それは「糞土《ふんど》師《し》」——ウンコを土に戻す人——というものである。

やはりこうなると、人というより、妖怪であろう。「妖怪ふんどし」のように、毎日の用足しを森の中ですることはできないが、彼の活動を知って、「いざ」というときにもあわてない心構えだけは持てるようになった。本来は森の中で用を足すのが妖怪的には正しい姿なのだと。

まずは道脇から、ショウガ科のアオノクマタケランの幅広い葉をちぎって集める。これがティッシュがわりだ（ちょっと葉がつるつるしているのが難点だけれど、いいニオイもするし上等なお尻ふきである）。次は用を足す場所をさがさなくては。道をはずれた林床は一面、シダに覆われている。枝でシダの葉を払って、葉の下にハブがいないことを確かめてから、足を道から踏み出していく。あまりシダの生えていない平坦地を見つけて用を足した（この状態でだけはハブに咬まれたくないなぁと思う）。

ホウッ……と一息。

妖怪 ふんどし

野山で便意をもよおすといずこからともなく尻ふき用の木の葉を手に現るる妖怪・野山で用をたした後紙など土に環へるのに時のかかるものを尻ふきとして用いてのち山歩きで傷などおうはこの妖怪のいましめと言はるる・頭に茸のような笠を被るのはこれ茸の精なるや・

そこでようやく周囲を見渡す余裕ができた。

おやっ、と思った。

僕の入り込んだのは、森の中の涸れ沢のある谷だった。両脇の斜面には大きな木々の生える森があるが、谷の中央は、細い木と、それに一面のシダである。その谷の中央には、ふだんは水が流れていないが、雨が降れば沢ができるだろう。その谷の様子を見て、「湿気だまり」という言葉が頭に浮かんだ。言葉を変えれば、「いいコケが生えていそうだ」と直観的に思ったのである。

ドングリの森

たまたま入り込んだ谷であった。

林床は一面のシダである。僕はシダ好きである。だから、シダがたくさん生えているのを見ると、それだけでなんだかうれしくなる。生えているシダの主な種類は、ヘツカシダとカワリウスバシダ。両種とも人の太ももの高さほどに成長するシダだ。ヘツカシダの名は鹿児島県の辺塚に由来している。その地を北限としている南方系のシダだ。沖縄島では水辺に見られるシダで、シダの中でも、湿気好きの種類である。シダが多いというのは森が湿気ている証であるが、ヘツカシダの姿があることは、とりわけ湿気がこもりやすい森であることを物語っている。ほかにも人の背丈以上になる木性シダの仲間のクロヘゴも点々と生えている。これらのシダに比べるとずっと小型で葉の厚いキノボリシダも多い。

さらに、谷周辺の木々をよく見ると、樹幹にコケの生えているのが見える。沖縄島ではヤンバルといえども、なかなか樹幹にコケが生えているのを見ないから、確かにここは湿気だまりだと思える。リボンゴケをはじめ、マツバゴケらしきものの姿もある。シダや低木の枝を払いのけていると、カビ臭に似た特有のニオイが漂うのに気づく。カビゴケが生えているのだ。

カビゴケというコケの存在も、そのニオイについても、もちろん教えてくれたのはキムラさんだ。カビゴケはごく小さなコケで、ほかの植物の葉の上などに着生している。そして知らずにカビゴケが生えている植物に触ると、カビゴケの発するニオイでその存在に気付くことになる。このカビゴケもひとつの湿気だまりの指標である。カビゴケは暖地に生えるコケではあるけれど、暖地の森の中でも湿度条件のいいところでないと生えていないコケなのだ。カビゴケのニオイをかいで、「これは、どうやら本当によさそうだ」と思う。カビゴケのニオイは、まんま、カビのようなニオイである。一度、大学の合宿で、学生たちと合宿所に泊まることになったとき、部屋を開けたら「カビゴケのニオイがする？」と首をかしげてしまったことがある。もちろん、畳が湿気てカビが生えていただけなのだけれど。

と、樹幹のコケ・ウォッチングをしていた僕は、ふと足元にドングリが転がっているのが目に留まった。

大きなドングリである。オキナワウラジロガシのドングリだ。オキナワウラジロガシは、奄美大島から西表島にかけての島々でのみ見ることのできる琉球列島固有種の木だ。そのドングリは大きなものでは一つ、直径二・五センチ、重さ一〇グラムにもなる。

ドングリなら、子ども時代に拾ったことがある人は多いだろう。原風景にマテバシイの森をもつ僕も、小さなころからドングリを拾うのが好きだった。ただし、僕の場合は、大人になってもなお、ドングリを拾い続けている。毎年、秋、ドングリが落ちる季節になり、森に落ちているドングリを見かけると、放っておけない。

沖縄に移住して、困ったことがあった。移住した沖縄島は、先に書いたように南部にはほとんどドングリをつける木自体見ることがないのだ。やむなく僕は、沖縄移住以来、毎秋、飛行機に乗って本土までドングリを拾いに行っている。一〇キロから二〇キロほど拾い集めたドングリは、一年分の教材として大学の理科実験室の冷蔵庫に貯蔵することになる。

もちろん、沖縄にもドングリが落ちている森はある。なんといっても、日本最大のドングリを実らすオキナワウラジロガシが分布しているわけだし、そのドングリを拾うのは、移住当初の夢ですらあった。が、移住して何年かのあいだ、僕の移住した沖縄島のどこにオキナワウラジロガシが生えているのか、僕は突き止めることができずにいた。やむなく僕は、これまた飛行機に乗って、オキナワウラジロガシのドングリを拾いに石垣島の森まで行くありさまだった（石垣島では容易にオキナワウラジロガシの生えている森に行き当たる）。

そんなわけで、コケを探しに森に出かけ、まんまとコケの生育によさそうな湿気だまりの森に行き会えたというものの、オキナワウラジロガシのドングリを見つけてしまい、僕の注意力は、ドングリのほうへ一気に持っていかれてしまった。

湿気だまりの森
オキナワウラジロガシ
ナゼゴケ
キノボリシダ
ヘリカシダ
エダウチホコリタケモドキ
カビゴケ
他の植物の葉上に
着生する小型のコケ

ドングリを夢中で拾い集める。

オキナワウラジロガシのドングリは大きい。たちまち袋がドングリでいっぱいになる。その袋の重みが心地いい。

木の周りをくまなくめぐってドングリを拾い集めていたら、また思いもかけぬものに会う。

エダウチホコリタケモドキというキノコだ。このキノコを僕は以前、西表島で見たことがあった。エダウチホコリタケモドキは、傘型をした普通のキノコとはずいぶんと姿が異なっている。地上から伸びた柄は、何本かに枝分かれし、その先端に山吹色に粉をふいた塊がついているといった姿だ。柄の根元を確かめると、地中深くまで柄が伸びているのがわかる。このエダウチホコリタケモドキは、沖縄県のレッドデータブックには絶滅危惧Ⅰ類のキノコとして載っていたはずだ。そんなキノコまで見つけ、また、すっかりうれしくなる。

シダ、コケ、ドングリ、そしてキノコ。

目移りがしてしかたがない。

僕は「なんでも屋」であるから、なかなかいそがしいのだ。

しばらくエダウチホコリタケモドキに見とれていたら、今度はボコ、ドスンと音がすることに気が付いた。んんっ？　ひょっとして……。

音のするほうに近づいてみる。そこにはさらに多くのオキナワウラジロガシのドングリが落ちていた。

ドスン。

先ほどの音がする。オキナワウラジロガシのドングリはあまりに大きいため、林床に落下するときに派手な音がするのだ。ちょうど頭の上に落ちてくれたらおもしろい経験になるのだけれど……なんてドングリを夢中で拾い上げつつ、本気で思う。

持ち合わせていた袋が満杯になるまでドングリを拾い上げ、やれやれと目をあげたら、目の前のエゴノキの幹にコケが生えていた。それこそ、僕がヤンバルの森で探し求めていた、樹幹着生のコケだった。名を、ナゼゴケという。奄美大島の名瀬で初めて見つかったことからその名のある、やはり暖地性のコケだ（僕はこのナゼゴケの第一発見者――明治期、奄美大島に赴任していたフランス人宣教師のフェリエ――に興味があって、彼とゆかりのあるこのコケを、ぜひ、見たいと思っていたのだ）。そのナゼゴケが、ドングリに導かれるがごとくに生えていた。

シダ、コケ、ドングリ、そしてキノコ。さらにドングリとコケ。

目が回る。

もちろん、うれしくて、目が回る。こんな出会いは、そうは、ない。

隠花植物の森

コケやキノコやドングリを背に森を降り、那覇に戻る。

那覇の自宅で、たまたま潜りこんだ谷沿いの森のことを振り返る。

なによりいろいろなコケが生えていた。珍しいキノコの姿もあった。

コケにせよ、キノコにせよ、湿気好きの生き物たちだ。コケやシダ、それにキノコやカビ、藻類、変形菌などの生き物は、かつてまとめて「隠花植物」という名称で呼ばれていた（現在、キノコやカビといった菌類は、植物よりは動物に近いと考えられている。変形菌は動物・菌類や植物とはまた別のグループの生き物とされている）。明治から昭和にかけて活躍した、在野の博物学者、南方熊楠は隠花植物全般に興味を持っていたことはよく知られている。

熊楠こそ、妖怪も妖怪、大妖怪だろう。

一八六七（慶応三）年に紀州で生まれた熊楠は、少年時代のあだ名が天狗であった――ということからして、妖怪くさい。中学卒業まではなんとかなったものの、もともと枠組みの決まった学校という場になじめない性格であり、上京後に入学した大学予備門は中退、渡米後に入学した学校も、早々に退学している。

アメリカでは独自に隠花植物の採集に明け暮れるようになり、採集品を求めて、フロリダからキューバにまで遠征している。当初の目的では、メキシコまで足を延ばす予定で、顕微鏡にピストルを一丁携えて、「隠花植物は二千あまり」集めるつもりである――という目算を、友人に手紙で書き送っている。

一八九二（明治二五）年、二五歳になった熊楠は、アメリカからイギリスへと居を変える。やがて彼は大英博物館に出入りする許可をもらい、付属の図書館で万国の書物を読みふけるようになる。が、図書館で騒ぎを起こしたことから、出入りを禁止されてしまう。そのころの熊楠は「乞食にな

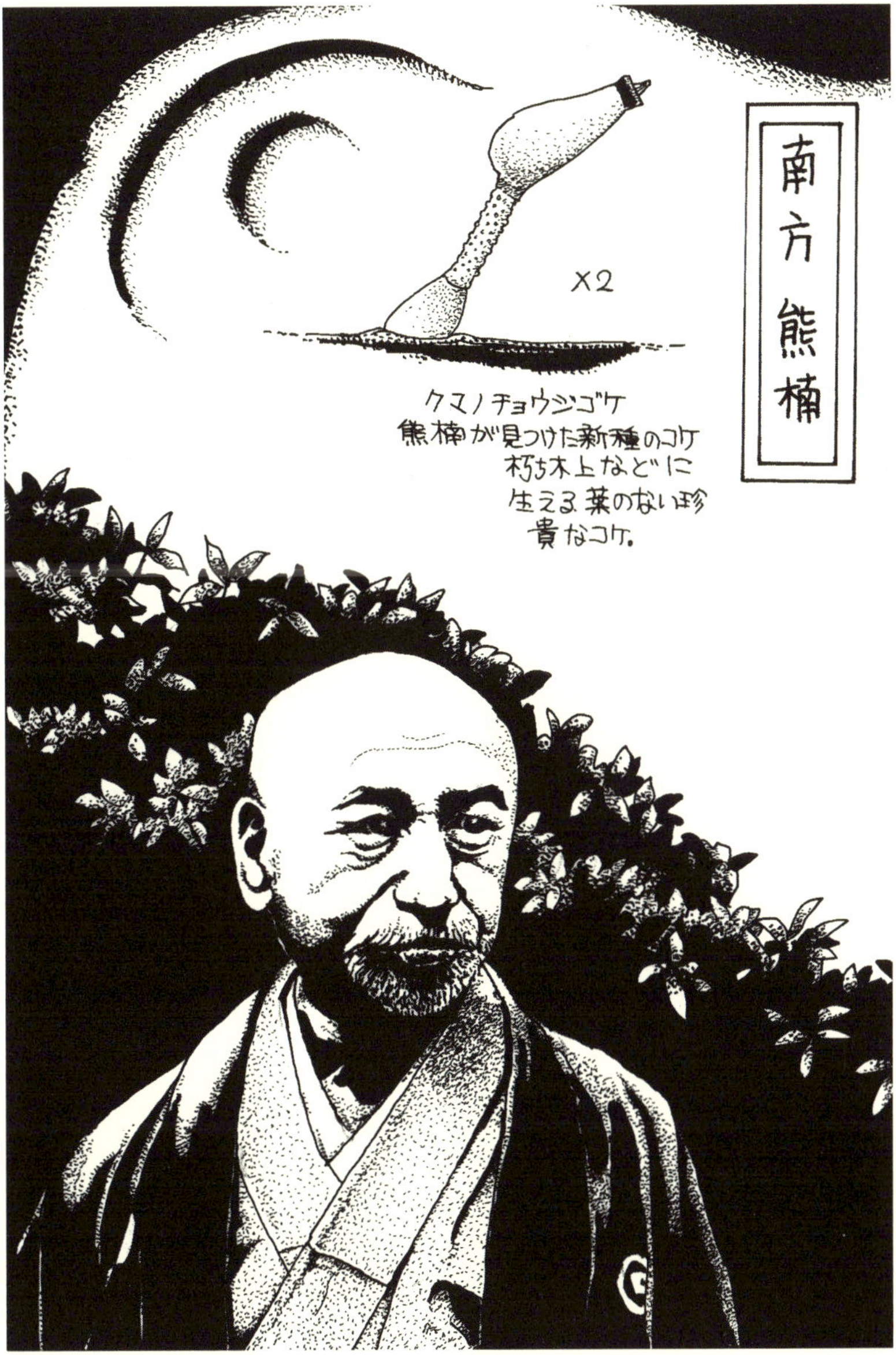
南方熊楠
X2
クマノチョウジゴケ
熊楠が見つけた新種のコケ
朽ち木上などに
生える葉のない珍
貴なコケ。

らぬばかりの貧乏」生活であったという。そんなイギリスでのくらしを切り上げることにしたのは、一九〇〇（明治三三）年、三三歳のとき。故郷の紀州に戻ってからも定職に就かず、今度は森に入りびたり、独自に変形菌と呼ばれる生き物のグループの研究を始めるとともに、生物学、民俗学、宗教学から男色学まで、さまざまな分野の探求に手を染めた。キライな人間が訪ねてくれば居留守を使い、さらに気にくわなければ自在にゲロを吐いたとかなんとか。とかく破天荒なエピソードには事欠かない。

僕は子どものころから、熊楠が好きだった。

自分にはなりえない、妖怪の極みに達した人物である。憧れの存在と言っていいだろう。

その熊楠の日記を見てみる。一九〇二（明治三五）年。このころ彼はイギリスから帰国し、熊野の森で隠花植物の調査に没頭していた。連日のように、隠花植物を何種類見つけることができたかという記述が出てくる。例えば二月二三日の日記の最後には——、

「今夕迄所集熊野無花植物、八〇二種。

変形菌一種、菌二六七種、地衣二三五種、藻一八九種、苔三六種、蘚七四種」

このころの熊楠は変形菌よりもキノコや地衣類、藻類、コケ類を多く集めていたことがわかる。熊楠が、隠花植物を集めるために入り浸っていたこの熊野の森は、照葉樹林の森である。

この日、僕は、コケに限らずキノコやシダなどの隠花植物は、森の中の湿気だまりの住人たちだ——ということに、思いが至った。森の湿気だまりに潜り込むと、そんなさまざまな住人たちに会うことができる。つまり湿気だまりは、照葉樹林の生き物たちのホット・スポットだ。

そんなふうに思う。

僕にとって、照葉樹林の森は、子どものころからの原風景の森としてあった。しかし、そこは「暗い」「怖い」「不快」の森。どう入り込んでいいものかと思うような森だった。その照葉樹林との付き合い方が、少しわかったような気がした。

照葉樹林を歩いていて、湿気だまりを見つけたらそれ以上むやみに歩き回らずに、そのポイントでじっくりと生き物を探したほうがいい。海でダイビングをするときは、魚やそのほかの海の生き物たちがたくさん集まっている場所や、独特な地形となっている場所が、ダイビング・ポイントとして選ばれる。つまり、湿気だまりは、照葉樹林のダイビング・ポイントのようなものなのだ。

また、森を歩いていて、そんなポイントを見つけ出すヒントも、この日、僕は見出していた。

湿気だまりの森にはオキナワウラジロガシのドングリが落ちていた。

思い返せば、それまで石垣島や西表島で何度かオキナワウラジロガシのドングリを拾ったことがあるけれど、それはいずれも沢沿いの平たん地だった。それまで自分が見てきたオキナワウラジロガシの生えていた環境を思い出すと、いずれも、湿気のありそうな環境である。このことから、ヤンバルでは、オキナワウラジロガシが森の湿気だまりのランド・マークなのではないだろうかと思ったのだ。オキナワウラジロガシを目印にすることで、結果、ふだんは目にとまらないような生き物にも出会うことができるようになるのではとも思う。

さらにまた思うことがある。

妖怪人間の僕は、どうあがいても大妖怪になれるあてなどない。それでも照葉樹林の湿気だまりへのダイビングは、「大妖怪くまぐす」の見てきた世界を覗き見ることのように僕には思えた。その思いが、僕の中の妖怪的な部分の好奇心をくすぐった。

3章　ドングリの森

ドングリの味

「南方熊楠って知っている?」

僕のかかわっているフリースクールの授業で聞いてみる。このとき、フリースクールの高等部三年・専門部合同の「沖縄の自然」講座のクラスでは、四人中三人がうなずいた（大学の授業で聞いてみたら、三〇名中うなずいたのは一名だけだったけれど）。

熊楠は、隠花植物を研究していたんだよと話して、隠花植物の中にはコケも含まれるのだけれど、コケって知っている?　と聞いてみた。

「うーん、ゼニゴケ?」

かろうじて一人の生徒がそう答えたにとどまった。しかも、「どんなのかは、わかんないな」とのこと。

コケの中でもゼニゴケは唯一、一般にも名が知られているコケである。日陰の地上に生える葉状のコケで、かつては民家の裏庭などに普通に見られるコケだった。教科書にコケの代表として名前があがっているのも、苔類のゼニゴケと蘚類のスギゴケだ。しかし、このコケの代表種であるはずのゼニゴケも近年、都市部ではめっきり数を減らしている。また、先に「沖縄と本土は普通が違う」と紹介したように、ゼニゴケは沖縄には分布していない。

「身近なコケを見ても、沖縄と本土では自然が違っているのがわかるんだよ。もうひとつそうした例を挙げると、ドングリがあるよ」

そう話して、沖縄島南部にはドングリをつける木がほとんどないよと紹介すると、生徒たちは、みな「へーっ」という反応をした。このクラスの生徒たちは、たまたま皆、本土出身者であったのだが、僕が言うまで、そのことに気付いていなかったということだ。

「その一方でね、ヤンバルには日本最大のドングリがあるよ」

今度はそう言って、ヤンバルの森で拾い上げたドングリの入った袋を生徒たちの前の机に置いた。

「わーっ」

「こんな大きなドングリって、食べられない？」

そんな声があがる。

それを授業で確かめてみようというわけである。

「オキナワウラジロガシはドングリ屋にとってはあこがれのドングリだから、このドングリを割って食べると言ったら、怒られちゃうかもしれないけど」

僕がそう言うと、生徒たちは笑った。

僕がドングリ屋のはしくれになったのは、授業の中で毎年のようにドングリを食べる実践をしていたからだ。ドングリの中にはマテバシイのドングリのように渋くないものもあるが、多くのドングリは渋い。埼玉で教員をしていたころ、その渋いドングリはどのようにしたら渋さがぬけるだろうということについて、試行錯誤を繰り返した。その結果から、縄文時代の人の暮らしを考えてみたり、なぜドングリには渋いものと渋くないものがあるのだろうという生物学的な問題を考えてみたりする、ヒントを得ていたのだ。

ヤンバルの森で拾ったオキナワウラジロガシのドングリにせよ、埼玉の雑木林で拾ったコナラのそれにせよ、食用とするための処理の仕方は同じである。まず、カナヅチを使って、硬い殻（果実にあたる部分）を取り除く。そのあと、渋皮（種皮にあたる部分）も包丁を使ってこそげ落とす。

ドングリを割ってみると、中に虫が入っていることがある。

「何の虫？」

シギゾウムシの仲間だよというと、「なんでシギゾウムシって言うの？」と再度聞かれる。ドングリを拾っておいておくといつのまにか中から虫が出てくることがあるが、この虫がシギゾウムシの幼虫である。まだドングリが樹上にあるころ、シギのように長い口をもった親がドングリに長い口をドリルのように使って穴をあけ、産卵をする。やがてドングリの中を食べて育ったシギゾウムシの幼虫は、殻に穴をあけて外に出て、地中に潜って、翌年以降のドングリの季節まで眠りに入る（翌年羽化するものと、翌々年以降に羽化するものがいる）。ともあれ、シギゾウの幼虫の食い荒らしたところは、包丁で取り除く必要がある。これに手間取る。渋みの成分であるタンニンがオキナワウラジロガシのドングリには多いからか、剥くそばからドングリの中身（種子にあたる部分）は変色してゆく。中身をミキサーで粉にすると、これまたしばらくして粉は全体的に暗色化し、さながらコーヒーのようだ。

「木クズみたいだなぁ」と生徒の一人がつぶやく。

「来週は木クズを食べるのかぁ」という声も聞こえる。

できあがった「木クズ状」のドングリ粉は、渋を抜く必要がある。渋の成分であるタンニンは水溶性なので、粉の入ったボウルに水を入れてかき混ぜる。しばらくすると粉だけ沈むので、タンニンが溶け出してコーヒー色になった上澄みだけを捨てる。続いて、また新しい水を入れて、粉が沈みきるまで待つ……。後は、この繰り返しで、底に沈んだ粉をなめてみて苦みがなくなれば完成である（そのまま冷蔵庫で保管するか、乾燥させる）。オキナワウラジロガシのドングリは、コナラのドングリに比べると渋が抜けるのに時間がかかるものの、だいたい一週間ぐらいの作業で苦みがとれるはずである。

ちょうど渋が抜けたころに、翌週の授業がやってくる。

いよいよドングリ粉のクッキングにとりかかった。

渋さえ抜いてしまえば、ドングリ粉はどのように調理してもかまわない。クッキーのように甘い味付けでもいいが、この日はお好み焼きを作ることにした。フリースクールには関西からやってきた生徒もいたからだ。

案の定、「やったー」と関西からやってきた生徒が叫ぶ。

オキナワウラジロガシ粉で作ったお好み焼きは普通においしかった。後味にほんのちょっと苦みが残るが、それもまた味わいである。

絶滅危惧のドングリ

フリースクールの授業で、レッドデータブックを見せる。

たとえばレッドデータブックの中には「絶滅種」という項目がある。哺乳類を例にすると、日本産の絶滅種には、ニホンオオカミなどの生き物の名前が載っている。最新版ではニホンカワウソが絶滅種に指定されたということが報道されたのも、耳に新しい。加えて、「絶滅種」の次にランクされる「絶滅危惧種」であるイリオモテヤマネコといった動物の名は、生徒の誰しもが耳にしたことのあるものだ。

ここで、レッドデータブックに記載されている「絶滅危惧種」には、こんな種類もあるよ……と、エダウチホコリタケモドキの標本を見せてみた。

「へっ？」

生徒たちはピンとこない顔つきをしている。哺乳類や鳥、せいぜい昆虫や植物についてならイメージはわくけれど、キノコにも絶滅危惧種があるなんて、想像もしていないのだ。続けて、「コケにも絶滅危惧種があるよ」と、イチョウウキゴケを見せた。イチョウウキゴケは田んぼなどに見られる水生のコケである。もとは田んぼの雑草的な存在であったが、除草剤の影響で減少してしまったコケである。この授業の前、コケを見に関西に行く機会があって、キムラさんの案内でイチョウウキゴケを見つけることができたのだ。

「こんなのが……なの？」

生徒が絶句する。

「見つけたら、〝その道〟の人はうれしいの？」

さらに生徒たちはこんなことを言うので、ふきだしかける。

生徒たちの言うとおり、イチョウウキゴケを見つけた際、妖怪こけわかりは田んぼの畔で、「やったー」と叫んでいたから。

そしてまた、ドングリにも絶滅危惧種がある。

「イリオモテヤマドングリ？」

生徒の答えに、また笑ってしまう。

絶滅危惧種といっても、全国レベルの場合（種として貴重）と、地域レベル（地域個体群として貴重）の違いがある。日本産のドングリをつける木は全部で一七種ある（表1）が、そのうち国レベルのレッドデータブックに載っているのは、九州・四国などの限られた地域にのみ分布しているハナガガシである。地域レベルの例をあげるとすると、沖縄県の県版レッドデータブックの場合、本土では普通種のウラジロガシが貴重な種として名があがっている。

珍ドングリ

沖縄は日本の中では有数の観光地である。そのため、日本各地から直行便が飛んでいる。沖縄は日本の端っこにある県だが、そうした点から、日本各地へのアクセスは、かなりいい。

僕は、沖縄から日に一便だけ飛んでいる飛行機に乗って、宮崎に向かうことにした。目的はハナガガシ。先に書いたように、国レベルで珍しいとされているドングリをつける木である。

虫屋は珍虫に目がない。ドングリ屋もドングリとみれば無性に拾いたくなるものだが、珍しいドン

表1：日本産のドングリをつける木のリスト

●ブナ科コナラ属
◎コナラ亜属（ナラ類）… 全7種
コナラ（落葉樹）
ミズナラ（落葉樹）
クヌギ（落葉樹）
アベマキ（落葉樹）
ナラガシワ（落葉樹）
カシワ（落葉樹）
ウバメガシ（常緑樹）*
◎アカガシ亜属（カシ類）… 全8種
アカガシ（常緑樹）
アラカシ（常緑樹）*（沖縄・奄美産は亜種・アマミアラカシ）
シラカシ（常緑樹）
ウラジロガシ（常緑樹）*
オキナワウラジロガシ（常緑樹）*
ツクバネガシ（常緑樹）
ハナガガシ（常緑樹）
イチイガシ（常緑樹）
●ブナ科マテバシイ属 … 全2種
マテバシイ（常緑樹）*
シリブカガシ（常緑樹）

注：ドングリをつける木に、ブナ属、クリ属、シイ属の木を含める考え方もある。上記以外に、フモトミズナラなど、分類上の所属がはっきりしていないものがある。*印は沖縄県に分布しているもの

グリにはもちろん目がない。そしてドングリ屋を自称する僕は、それまでハナガガシの自生地を見たことがなかった（植栽されたものなら、目黒にある「林試の森」で見たことがあった）。

案内を頼んだのは、宮崎県在住のキノコ屋、クロギさんである。

クロギさんは、一見、妖怪くさくない。が、僕より数歳年下のクロギさんである。キノコだけでなく、植物全般に関して博識である。なにせ、コケも地衣類も大まかなことはわかる。シダもかなりわかる。花をつける植物（顕花植物）ならほぼわかる……という感じだ。これは、生き物屋としては、かなりの力量だと思う。もっと妖怪くさくてしかるべきなのに……と思う（「妖怪かくれみの」なのかもしれない）。

クロギさんは、大学時代には植物屋であった。そして、大学卒業後、地元に戻って教員となった。が、博物館へ移動することになって、植物屋からキノコ屋へも守備範囲を拡大するきっかけに出会う。博物館の展示を考えるとき、照葉樹林のジオラマを作ることになった。そこにキノコも展示しようという話が出た……。

「調べてみると、宮崎にはキリノミタケっていう珍しいキノコがあるとわかりました。それがキノコ屋になったきっかけです」

こんなふうに語ってくれる。キリノミタケというキノコは、それほどキノコに詳しくはない僕も名まえを知っているほどの珍菌だ。アメリカのテキサス州と、宮崎でだけ見つかるという、分布からして不思議なキノコなのだ（その後、高知と奈良でも発見された）。姿も変わっていて、先のとがった紡錘形のキノコ（キリの実に似ている）が倒木から発生し、やがてその紡錘形のキノコは星形に裂け、

妖怪かくれみの
里に棲み見かけは人と変
わるところ有らず。ただ森
に入りては茸苔羊歯草
木目に入りしもののおよそほ
とんどのものの名がわ
かりただの人に有ら
ざるを知る。これ森の
妖怪が人の皮を被り
て里に棲みし者也。
人に害をなす者に有
らずと言へり。

中から煙のように胞子を吹き出す。アメリカ名は、デビルズ・シガー（悪魔の葉巻）だ。クロギさんは、この悪魔の葉巻を見るためだけに、アメリカに行ったりしてもいる。

「クロギさんにとって、身近なドングリといえば、何になりますか？」

植物屋兼キノコ屋であるクロギさんに、こんな質問をしてみた。

「子どもの頃、自転車で中学校に通うとき、途中にマテバシイ林があって、その新緑がキレイだったのを覚えています。マテバシイという名前は大人になってから知ったんですけど。私にとって、ドングリと言ったらマテバシイですね」

ドングリに関しての原風景は、僕とクロギさんで同じだったので、「へぇー」と思う。宮崎も房総半島南部・館山も共に照葉樹林帯であるのだ。しかし、宮崎こそ日本の照葉樹林の本場だ。宮崎には、館山では見ることのできないドングリの木が生えている。ハナガガシもその一つだ。

ところがである。

ハナガガシが生えているという、西都市都萬《つま》神社に案内されたときに、「こんなところに生えているのか」と、ややあっけにとられた。ドングリ屋のあこがれる珍ドングリをつける木は、どんな山奥に生えているかと思ったら、田園地帯の一角にある神社の境内に生えていたのだ。

そぼふる雨の中、神社の境内へ。クスノキに混じって生えているハナガガシは境内に生えているとはいっても、巨木ばかりで圧倒される。胸高直径が一・五メートルほどもある木もある。その樹幹はシダ類のマメヅタとコケに覆われていた。しばし、木の周りをぐるぐる回って、木の姿を目に焼き付ける。

ハナガガシ
Quercus hondae
宮崎・都萬神社

二か所目に連れて行ってもらったのも、神社である。都萬神社に比べると山の手にある、福瀬神社である。この神社には日本一大きなハナガガシの木もある。樹齢三〇〇年、胸高周囲五メートル三〇センチ、樹高四〇メートル――という表示の看板が立つ。この巨木は枝が折れ、もうご老体という雰囲気の木だ。神社の背後には、ハナガガシを主体とした鎮守の森がある。森の中には、巨木というほどではないが、それでも十分に立派なハナガガシがたたずんでいる。ハナガガシは幹をスラリとまっすぐに伸ばす木だ。樹皮も滑らかである。根元は、やや板根が発達する。ここでも、雨の中、しばし、ハナガガシに見入る。

福瀬神社を後にする。車窓から周囲の山々に目を向けると、スギ林ばかりだ。スギの植林がなされる前、いや、人が斧を入れる前の原始の時代にはどんな森が広がっていたのだろうかと思う。

「標高を上げると、イチイガシとウラジロガシが出てきます。山の高いところに出てくるのがアカガシです。シラカシも標高の高いところですね」

クロギさんが、そんなレクチャーをしてくれた。さらに宮崎には、日本産のカシ類のうち、オキナワウラジロガシ以外の木はみんなあると聞いて、ああ、宮崎こそ、照葉樹林の本場なのだ……という思いを強くする。それにしても、なぜ、ハナガガシはそれほどまでに珍しいのか。はたまた、なぜ、その珍しいハナガガシは田園地帯の神社なぞに生えているのか。

珍ドングリの味

ドングリにせよなんにせよ。僕は自分でものを拾い上げたときに、ようやくそのものとの出会いを実感できる。口に含めることができれば、なおのことその思いを強くする。だからドングリも拾って、食べて、初めてそのドングリと「ちゃんと会えた」と思える。

残念ながら、この宮崎での最初のハナガガシ探索時は、すでに時期が遅く、木の下に落ちたドングリは、いずれも古くなったものばかりになっていた。かろうじてドングリ自体を拾うことはできたものの、口にすることはできなかった。二年後、再度、クロギさんを頼ってハナガガシのドングリを拾いに行き、そのドングリを食べたときの話をここで紹介しておきたい。

一一月の中旬。沖縄から再度、宮崎に向かう。

「先週、キノコを採りに山に行ったら、沢の途中でハナガガシの大木を見つけました。そこに拾いに行きましょう」

クロギさんが、そう言って、宮崎市内から車で一時間ほどのところにある森へ連れて行ってくれた。神社の森も悪くはないが、沢ぞいの森の中で、自生のハナガガシに出会うと、それだけでうれしくなる。さらにその木の下でドングリをしこたま拾う……ドングリ屋としては、至福の一時だ。ハナガガシのドングリは、ドングリ自体はオキナワウラジロガシのように巨大なわけでもなく、ごく一般的なドングリの形をしているものなのだけれども。

森の中でドングリを拾い集めた後、都萬神社にももう一度、ハナガガシを見に行った。神社の木の下にも、たくさんのドングリが落ちている。森の中で十分なほどのドングリを拾い集めたはずなのに、目の前にドングリが落ちていると、ついついもったいなくて、拾い上げてしまう。

そのとき、通りかかった年配の女性が、「ドングリを拾って、コンニャクを作るよね」と話かけてきた。僕らがオキナワウラジロガシのドングリから渋を抜いてお好み焼きを作ったという話はすでに紹介した。ドングリを食用とする場合、ドングリからデンプンだけを取り出して渋を抜き、そのデンプンを糊化させてコンニャクや豆腐様の食品を作る食べ方もある。ただし、その女性の話を聞くと、自身で作ったことがあるわけではなく、聞いた話——ということだった。それでも、ドングリの木の下で、こんなやりとりが生まれるのは、照葉樹林の本場、宮崎には伝統的にドングリを加工調理して食べる風習のある地域があるからだ。

宮崎で拾い集めたドングリは、今度は大学の僕のゼミ生たちと加工して食べてみることにした。はたしてハナガガシのドングリのお味はどうだろうか。

まず、生のドングリを一かじり。

「うわーっ、渋い」

「食いものじゃない」

そんな悲鳴が上がる。ハナガガシのドングリも、タンニンという渋み成分をたっぷりと含んでいて、そのままでは食べることができないものである。

試しに、二五分間で殻を割ったドングリの量を計ってみる。ゼミ生と僕のあわせて五人で三六六個のドングリの殻を割り、六五〇グラムの中身を得た。これを刻んで擂って粉にする。

と、学生から「モンブラン、作れない？」という声があがった。モンブラン？　クリを素材としたクリームのケーキだ。そのクリの代わりに、ドングリか……。おもしろいかも。

どんな料理を作るにせよ、まずはドングリの渋抜きが必要である。やり方はオキナワウラジロガシのドングリの渋抜きと変わらない。ただし、ハナガガシの渋抜きを実際にやってみると、その手間は、オキナワウラジロガシに比べると楽であった。それほど頻繁に水替えをしなくても、五日ほどで完全に渋が抜けたのである。

ゼミの時間に殻をむいたドングリの全量を擂ることができなかった。そのためきざんだ粗い粒を、そのままでも渋抜きをしてみることにした。粗い粒を水に入れ、ゆでてみる。するとゆで汁が真っ黒になった。しかも、ゆで汁にとろみがつきはじめた。しまった……と思う。水の中に溶けだしたデンプンが熱で糊化してしまったのだ。しかし、宮崎まで拾いに行ったハナガガシのドングリの粒であるので、捨てるわけにはいかない。なんとか渋抜きができないか。そこでゆで汁を捨て、水で粒を洗って、何度が水替えしながら煮てみた。すると、こちらも、どうやら渋抜きに成功する。

翌週のゼミで、こうして渋を抜いたハナガガシの粉と粒を使って、ドングラン――ドングリから作るモンブランだからという学生たちによる命名――を作ってみた。

渋抜きした粉は乾燥させておらず、水っぽいままだったので、市販されている韓国産のドングリ粉（ドングリのでんぷんだけを取り出し、渋抜きしたもの）を少々混ぜ、卵、砂糖も加えて生地を作り、クッキーを焼く。また、ゆでて渋抜きした粒は、すり鉢で擂って裏ごしをした。それに砂糖と生クリームを混ぜた。焼いたクッキーの上にドングリクリームを載せて、ドングランの完成である。

「おいしい」

そんな声があがる。渋さえきっちり抜けば、ドングリは何でも食べることができる（逆に言えば、食べるだけが目的なら、わざわざハナガガシのドングリでなくともいいわけだが）。

「でも、なんでこのドングリ、珍しいの？」

学生の一人が言った。学生たちもまた、僕と同様の疑問を持つわけだ。

むろん、それが問題だ。

なごりのドングリ

ヤンバルでオキナワウラジロガシのドングリを拾える森を見つけたり、宮崎に初めてハナガガシのドングリを拾いに行ったりしていたころ、沖縄に植物屋のユモトさんがやってきた。

僕は大学で植物生態学を専攻したのだけれど、自分が研究者に向いていないことを自覚して、教員への道を進んだ。一方、植物生態学の研究者の道を歩み続けた知人もいて、ユモトさんはその一人だ。ユモトさんは、屋久島を皮切りに、アフリカや東南アジア、アマゾンなど、世界中のフィールドを駆け回って植物の生態を研究してきた、その道の第一人者である。ユモトさんも妖怪らしくはない。が、「オタマジャクシ？　ああ、インドネシアでスープにしたものを食べたことがあります。味？　味なんてありません」だの「アナコンダ？　ああ、アマゾンで調査をしていたとき、毎朝、アナコンダをまたいで調査地に行っていました」とか、ごく普通の口調で、世界探検記的なエピソードが次々に出てくる（イスラムの女性のお化けに会ったという話もあったっけ）。海外調査に走り回っていたころは、成田空港に着いたとき「あれ？　ここは何語で喋ればいいんだっけ？」などと思ったことがあるなんていう話も聞いたことがある。妖怪かどうかはさておき、常人離れしたところがあるのは確実である。そんなユモトさんが相手だから、案内などというとおこがましいのだが、せっかくなのでユモトさんを自分が見つけたばかりのオキナワウラジロガシの森へと連れ出した。

僕らの足元にはオキナワウラジロガシのドングリが転がっている。そこでユモトさんが、思いつくままドングリにまつわる話をしてくれた。それが、なんと、宮崎のドングリ食についての話であった。ユモトさんは、沖縄に来るしばらく前、宮崎の西米良《にしめら》に、ドングリ食の調査に行ったという話だったのだ。

「アラカシのドングリで作ったものが一番、おいしいそうです」

西米良には、ドングリのデンプンを使った「カシドーフ」という食品があるのだとユモトさんは言う。その材料がアラカシのドングリなのだそう。その話を聞いて、「へーっ」と思う。アラカシは関東以西～九州ならごく普通に見られる木だ。しかし、そのドングリは日本産のドングリの中では最も小さく、拾い集めるのに難儀をしそうに思うからだ。

「アラカシはそこいらへんに生えているやつを利用しています。今は舗装道路があるので、ドングリを道路に敷き詰めておくと、車がドングリを轢いてくれるので、殻をむく手間が省けるなんて、言っていました。殻をむいたドングリは、ミキサーを使って粉にして、それを袋の中に入れてデンプンをもみだして、流水につけて渋抜きをしています。そうやって作ったカシドーフはどんなときに食べるんですかと聞いたら、特に決まっていなくて、食べたいときに作る……って」

ユモトさんが調査の様子をかいつまんで教えてくれる。

かつては、日本各地で、ドングリを食用としていた。先に書いたように、ドングリは渋さえ抜けば、基本的に何でも利用はできる。しかし、地域によって、どんなドングリが拾えるかには違いがある。また、ドングリの種類によって渋のきつさには差があるし、微妙な味の違いによる好みもあって、どんなドングリを利用するかには、地域差があった。大まかに言って、北日本で利用されたのは、落葉性のナラ類であり、南日本で利用されたのは、常緑性の照葉樹林を構成する木々のドングリだった。

アイヌの人々は、落葉樹であるカシワやミズナラのドングリを食用としていた。東北の人々もコナラやミズナラを利用していた。一方、僕のコケの師匠であるキムラさんが住んでいる奈良県の川上村では、常緑樹であるアカガシのドングリが利用されていたそうだ。

沖縄島では遺跡から常緑樹のオキナワウラジロガシのドングリがザルに盛られた状態で発掘されているし、お年寄りの中には、まだそのドングリを利用していた記憶を持っている人もいる。宮崎の西米良で利用されていたアラカシも、むろん、常緑性である。

ユモトさんと宮崎のドングリ食の話をしているうちに、話題がハナガガシにも及んだ。

「ハナガガシは、もともとイチイガシより標高の低いところに生えていたと考えられます。で、低地の開発が進んで、数が減ってしまったということでしょう」

あっ、と思う。

ドングリをつける木々は、種によって生育場所に差があった。例えば、マテバシイは尾根沿いに見られるし、オキナワウラジロガシは沢ぞいに見られる。同じようにハナガガシは低地の平たん部に生育する木だったのだ。しかし、そうした場所は、真っ先に人々に開発される場所である。そのためハナガガシは珍しいものになってしまったのだ。そうしてみるとハナガガシの巨木が平地の神社の境内で見られるのも不思議はない。そうした場所は、神社となることで残された、本来のハナガガシの生育地の最後のなごりなのだ。

「なんでここだけ伐り残されたのでしょうね」

オキナワウラジロガシの森を見渡してユモトさんがそう言った。その一言にまた「ハッ」とする。ヤンバルクイナなどの固有種の棲息地であるヤンバルの森も、よく目を凝らすと、決して原生林ではないことが見えてくる。

かつては森だったところに広がるダム湖。

そこここに残る炭焼き窯の跡。

伐開されてからまだ年月の若い、大径木の見当たらない森。

シイの木に混じって生えている植林されたクスノキ。

そんな森が多いのだ。今まさに皆伐されている森さえ目にする。その中で、僕が入り込んだ谷には、オキナワウラジロガシの大木が何本も残っていた。オキナワウラジロガシは湿気を好む木だけれど、湿気た場所に必ずしもオキナワウラジロガシが生育しているとは限らない。それは人間の影響が強く及んでいるからだ。湿気た場所にあって、なおかつオキナワウラジロガシの大木が残る場所というのは、ヤンバルの中でもかなり限られたところなのである。

ドングリとレフュージア

それからしばらくして、僕は京都の亀岡に向かった。

植物屋のイマムラさんが勤務先の大学での講演に呼んでくれたのだ。イマムラさんは、植物屋だから植物に興味があるのは当然だが、「動く生き物にはまったくモチベーションがわかない」と言い切ってしまうところがすごい。まぁ、別の言い方をすると、イマムラさんも、変わっているといえば、変わっている。

そのイマムラさんの話でまた、バラバラになっているパズルのピースがつなぎ合わさるような思いがする。

イマムラさんが、講演の合間に、大学近くの森を案内してくれる。関東で生まれ、沖縄に住んでいる身としては、関西の森は、たとえ里近くの「普通の森」であっても見慣れないことがあって面白い。例えば、雑木林にドングリをつける木の一つ、アベマキが普通なのが珍しい。アベマキはクヌギによく似た木で、ドングリも同じような丸いドングリをつけるが、関東ではまずお目にかかったことがない。

「シリブカガシの自生地を見に行きましょう」

アベマキを珍しがっている僕を見て、イマムラさんがそんなふうにさそってくれる。シリブカガシはマテバシイと同じブナ科マテバシイ属の木だが、これも関東では（沖縄でも）見ることができない木だ。連れて行ってもらったのは、ガレガレの岩場。「こんなところに生えるのか」とひたすら感心してしまう。

森を歩きつつ、イマムラさんが、関西の森には「関西の照葉樹林固有の要素もある」という話を教えてくれる。例えばシロバイやカナメモチといった木が、この「関西の照葉樹林固有の要素」の木であったりするという。

島々に分断されている琉球列島には、琉球列島固有の植物があると言われてもさほど驚かないが、なぜ関西に固有の木などというものが存在するのだろう。

それは氷河期が訪れた際、暖地に広がっていた照葉樹林が日本列島の南端部に押し込められたという歴史にかかわっている。

照葉樹林が氷河期によって押し込められた地域を「レフュージア」と呼んでいる。言い換えれば、寒冷化した時代に暖地性の生き物の避難場所になっていた地域のことだ。レフュージアとなったのは、もちろん、日本の南端部にあたる地域だ。しかし、それは、九州南端部に限る話ではない。例えば四国の室戸岬周辺、紀伊半島の端っこ、伊豆半島の先端部にもレフュージアがあったことがわかっている。最終氷期は七万年前から一万年前の間であった。氷河期が終わると、日本列島の各地に隔離されるようにして残されていたレフュージアから、照葉樹林が広がり始めた。関西地方に一番近いレフュージアは、紀伊半島の南端部にあったものだ。温暖化とともに、紀伊半島南端部に押し込められていた照葉樹林が関西一帯に広がり、ひいてはほかのレフュージアから広がっていった照葉樹林ともやがて一体化し、日本の暖地一帯を覆うようになる。しかし、氷河期に紀伊半島のレフュージアでしか生き残ることのなかった木々は、温暖化とともに分布を広げても、関西一帯にしか分布を広げることができなかった――。それが、関西固有の照葉樹林要素とされる木々が存在している理由だ。

イマムラさんの話を聞いてなるほどと思う。

さらにイマムラさんの話から、少し前に福岡で開かれていた生態学会の大会の発表を思い出した。奇しくも生態学会でも、僕は照葉樹林のレフュージアに関する研究発表を聞いていたのだ。千葉大学園芸学部の小林真生子さんの研究発表がそれで、しかもなんと、僕が少年時代に通っていた館山の沖ノ島も照葉樹林のレフュージアであることがわかったという内容が紹介されていたのである。

ポスター会場で小林さんに直接話を聞き、後に資料も送っていただいたのだが、その話をまとめると次のようになる。二〇〇三年、沖ノ島の海岸で、イルカの骨を多量に含む縄文時代早期の遺跡が発見され、発掘された。その遺跡とあいまって、植物遺体が大量に見つかった。その堆積状況から、どうも泥流などで一気に堆積したものであると考えられた。遺体となっていた植物はタブが多く、そのほかにモチノキ、ヤブツバキ、アカメガシワなどが確認できた。また花粉分析からは常緑性のドングリをつける木であるカシ類のものも発見された（全木本花粉の三四パーセントを占めていた）。

タブやカシというのは、つまりは照葉樹林を構成する木々である。遺体の年代は八七〇〇年ほど前のもの。氷河期が終息し、わりとすぐの時期に常緑広葉樹林が存在していたことがわかったことから、遺跡のあった沖ノ島一帯が、あらたに照葉樹林のレフュージアであったことがわかったというわけで

レフュージア

氷河期が訪れると照葉樹林の分布は南へと押し縮められた。房総半島や紀伊半島の南端部には氷河期の照葉樹林の一時避難所(レフュージア)となっていた。氷河期が終ると再び照葉樹林はそこから分布を広げはじめた。

千葉県館山市の沖の島。最終氷期のレフュージアとなっていたと考えられている。現在はタブなどを主体とした森に覆われる小島。

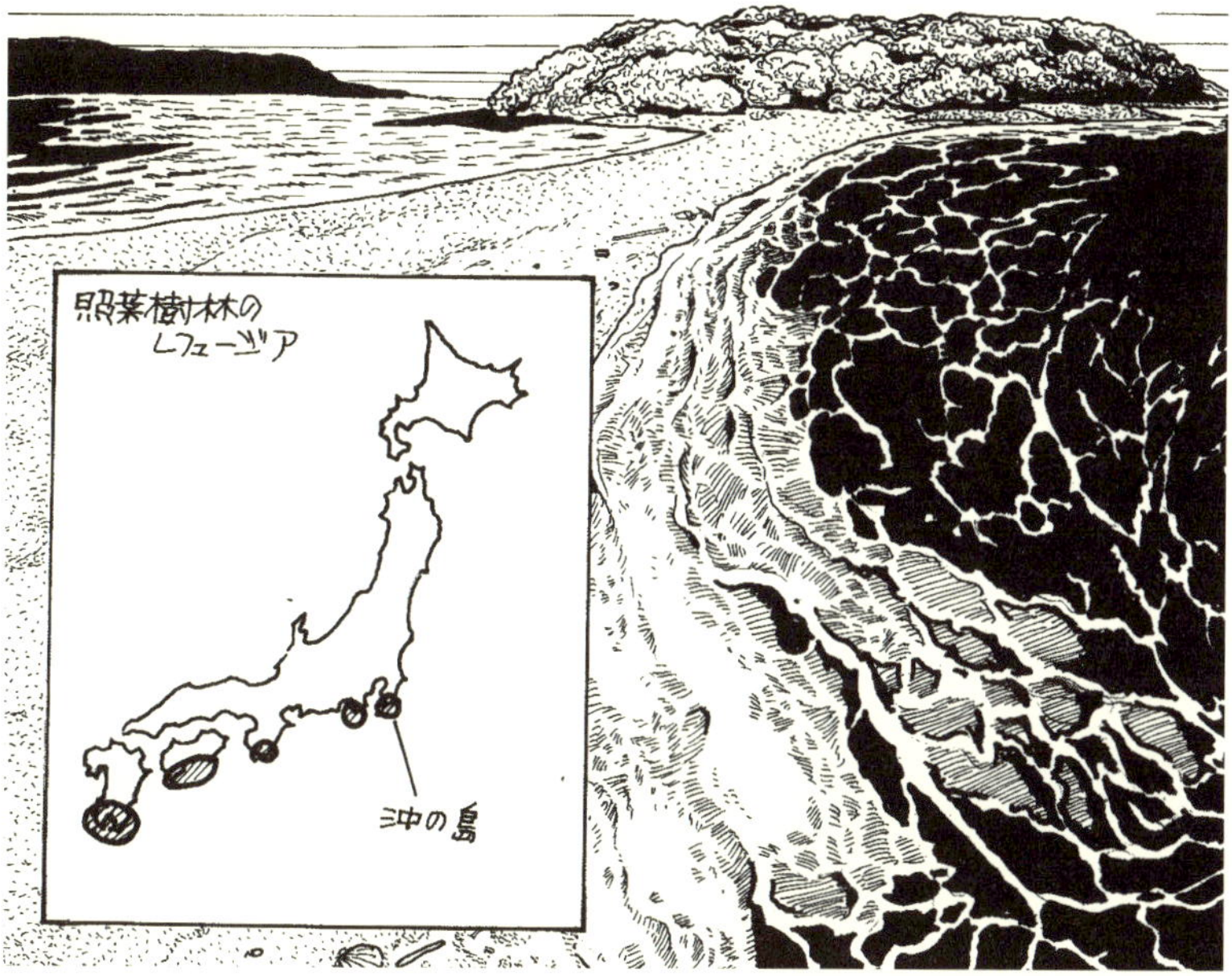

ある。

長い目で見ると、照葉樹林は日本列島を北に南に動いているのだ。

ドングリとクスノキ

照葉樹林は僕の原風景の森ではある。けれど、こうしてみると、知らないことがずいぶんとある。そもそも、照葉樹林とはどんな森のことをいうのだろうか。

照葉樹林について書かれた本にあたってみることにする。

照葉樹林は熱帯多雨林の南北に広がる、常緑広葉樹林のことである――そう書かれている。「熱帯と温帯のはざまで 世界の照葉樹林と硬葉樹林」（大沢 一九九五）の中には「熱帯多雨林をひと回り小さくしたような」森である――という表現がなされている。

じつは、世界の中を見渡してみると、この照葉樹林はきわめて限られたところにしか分布していない。なぜかというと、熱帯をはさんで南北に広がる亜熱帯は、本来、熱帯で上昇した暖かく湿った気流が下降する一帯であるため、乾燥地帯となってしまうことが多いからだ。たとえば世界地図を見てみると、アフリカ大陸の赤道直下に広がる熱帯多雨林の北にはサハラ砂漠が広がり、南側にはナミブ砂漠が広がっているのがわかる。そのサハラ砂漠とほぼ同緯度にあるのが、アラビア半島の砂漠地帯である。さらにそのアラビア半島の砂漠地帯と同緯度を東に進むと、日本の西南部に達することになる。つまり、日本西南部は亜熱帯に配置しているので、緯度的にいえば、乾燥地となっていてもおかしくはないのだ。ところが大陸の東岸に位置する日本や対岸の中国大陸のヒマラヤ西部一帯はモンスーンと呼ばれる季節風の影響で、夏に多雨（梅雨）がもたらされる。そのために亜熱帯にありつつ日本西南部は森林に覆われているわけである。

世界的に見ると、亜熱帯にあって、日本付近同様に季節風や貿易風の影響で多雨がもたらされる地域が局所的に分布し、そのようなところに、「熱帯多雨林をひと回り小さくしたような」森が生育しているというわけである。では、日本や対岸のヒマラヤ西部一帯以外ではどこに照葉樹林が広がっているかというと、ブラジルやフロリダ半島付近などに局所的に分布している。また、それ以外にはハワイ諸島や大西洋のカナリヤ諸島の森も照葉樹林であるという。

ちなみにカナリヤ諸島といえば、飼い鳥のカナリヤの原産地である。「歌を忘れたカナリヤは裏の山に捨てましょか……」という歌があったけれど、カナリヤを捨てる山にふさわしいのは、暗い照葉樹林であるということになる。ただし、このカナリヤ諸島の森を主に構成しているのは、クスノキ科の木々である。僕の生まれ故郷の沖ノ島の森が、クスノキ科を主役とした森であったように、クスノキ科の木々は、日本の照葉樹林においても重要な構成種となっている。むろん、日本の照葉樹林においては、ドングリをつけるブナ科の木々や同じブナ科のシイがさらに重要な位置を占めることはここまでに書いたとおりだ。

このように、同じ照葉樹林といっても、日本とカナリヤ諸島の森では構成種には違いもある。一方で、クスノキ科の植物も、シイやカシも、その葉を覆う厚いクチクラは、強い日射や乾燥から葉を守る役割を果たすという点は同じである。このクチクラに覆われた葉が太陽の光を反射してキラキラと光って見えるので、照葉樹林という名があるわけである。逆に言えば、亜熱帯の強い太陽の光も、照葉樹林を構成する木々の葉に反射され、吸収され、林内に透過するものは、ごくわずかとなり、地表にはせいぜい〇・五パーセントしか到達しないという。

日本の西南部はこの照葉樹林が分布する地域になるわけだが、日本の文化の基底に中国大陸のヒマラヤ西部一帯と共通する要素があることから、それらが照葉樹林に共通する「照葉樹林文化」とでも呼ぶべきものであるということが提唱され、一時かなりの話題となった。照葉樹林文化を特色付けるのはイモ類の栽培と、焼畑による雑穀栽培であり、モチや納豆、茶といった独特の食文化も照葉樹林文化の一翼を担うものとされている。してみると、普段意識はしないけれど、僕たちはかなり照葉樹林で生まれた文化の恩恵をうけていることになる。

先に渋みのあるドングリを水でさらして渋みを抜いて食べる——という話を書いたけれど、この「水さらし」も照葉樹林とかかわりの深い食糧加工ではないかとも指摘されている。

海のドングリ

照葉樹林について書かれている本を探していて、千葉県立中央博物館の特別展の図録、『南の森の不思議な生きもの　照葉樹林の生態学』が目に留まる。

図録の中の、「花粉分析からみた照葉樹林の植生史」と題された論文の冒頭に、「日本列島の照葉樹林は、台湾以南のものと比べて、シイ、カシ類やタブノキなどの少数の種が優先することで特徴づけられる」と書かれているのを読んで、「うーん」と思う。

そもそも、カシ類が日本には少数しかない――というふうに思ったことがなかった。表1（69頁）に挙げたように、日本には照葉樹林を構成する常緑のドングリをつける木が全部で一一種も・――常緑のナラ類（ブナ科コナラ類コナラ亜属）が一種、カシ類（コナラ属アカガシ亜属）が八種、マテバシイ類（ブナ科マテバシイ属）が二種――あるとさえ、思っていたぐらいなのだ。

しかし、言われてみれば、そのとおりだ。

例えば、日本にはドングリをつける木のうち、マテバシイ属のものはマテバシイとシリブカガシの二種しかない。ところが、琉球列島のさらに南、台湾にはマテバシイ属の木だけで一四種もある。

「台湾は南の島だから、ドングリをつける木だって種類が多い」

僕はそれまで、そんなふうに思い込んでいた。

しかし、それなら本土より南にある沖縄に、もっとたくさんのドングリをつける木があってもいいはずだ。沖縄県内に分布しているマテバシイ属の木はマテバシイただ一種だけ。ドングリをつけるブナ科の木全体でも五種しか分布していない。

「沖縄にはドングリをつける木が少ない」

そのことは認識していた。しかし、これは、「沖縄は、本土と比較して、ドングリをつける木が少ない」という認識であったのだ。つまり、本土が「普通」で沖縄が「変わっている」という認識にとどまっていた。ところが、台湾も含めて考えた場合は、「普通」の基準が変わってくる。日本本土ですら、ドングリをつける木の種数が少ない――つまりは「変わった地域」にくくられてしまうのである。沖縄は、さらに特異的にドングリをつける木の種数が少ない、「きわめて変わった地域」であるということなのだ。

そうした認識に立てば、その理由を考えざるをえなくなる。

与那国島に目を向けてみる。

沖縄県内でも、与那国島は台湾にもっとも近い島で、両島の距離はわずか一一一キロしか離れていない。この与那国島に生えているドングリをつける木は、アマミアラカシとウラジロガシの二種だけである。この一例をもってしても、「南の島だからドングリをつける木の種類が多い」というわけではないことは、はっきりしている。

この島に、海岸に打ちあがる漂着物をせっせと集めているユキさんという知人がいる。ユキさんは、漂着物の中でも、特にマメ科の種子が好きだ。僕もまた漂着種子には前から興味があるのだが、一度、ユキさんの家を訪ねて行って、収蔵コレクションの豊富さを見せられ、圧倒されてしまった。そのコレクション量と、愛すべきコレクションを熱く語る姿を見ると、彼女もまた、妖怪なのかもしれないと思う（「妖怪あずきひろい」か）。

植物の中には、海流散布と呼ばれる、海流に乗せて種子を散布するものたちがいる。その種子や果実などからなる散布体は、種ごとに海に浮かぶための様々な工夫が見て取れ、それぞれに興味深い。また中には、はるか東南アジアから旅をしてきた散布体もあり、いったいどんな植物の散布体であるのか正体不明のこともあって、浜辺の種子拾いにはロマンをかきたてられるものがある。ユキさんのコレクションにはマメの仲間を筆頭にさまざまな種類の海流散布をする散布体が収められているのだが、その中のあるものに、僕は強い興味を持った。コレクションの中には、ドングリがあったのだ。つまり、与那国島の海岸にたくさんのドングリが流れ着いているのである。さらには、そのドングリには見慣れぬ姿のものが多かった。

それまで海岸でドングリが拾える……という感覚を、僕は持っていなかった。ドングリは「どんぐりころころどんぶらこ お池にはまってさぁ大変……」と歌にもあるように、水中に落ちると沈んでしまうものであるからだ。調べてみると、与那国島の海岸に漂着した見慣れぬドングリは、いずれも台湾産のものであるようだった。中でも特徴的なドングリは、ドングリというよりはクルミのような形をしたものだった。ほぼ球形のドングリは、直径が二五ミリほどで、その表面のうち八割ほどはざらざらしているが、柱頭のある部分を中心とした直径十数ミリの範囲は、平滑になっている。このドングリは、その特徴的な形から、台湾産のマテバシイ属の一つ、オニガシのドングリ（*Lithocarpus castanopsisifolius*）であると判定できた。

その後、気を付けてみると、与那国島ほどではないものの、琉球列島の各島で、こうした台湾産のドングリの漂着がみられることに気が付いた。一度、石垣島に住んでいる知人が、島の北部にある吉原の海岸で、三日間に三四個ものオニガシ類（オニガシと、よく似た形をしているが、より小型のアミガシ *L.amygdalifolius* と思われるものを含む）の漂着ドングリを採集したこともある。また、長崎や宮崎にもオニガシのドングリが漂着していることも最近わかった。オニガシのドングリが海流に乗ることができるのは、マテバシイ類のドングリに共通してみられる木質化した殻（果実）が厚い（三ミリ）ので、その殻が浮きの役割をはたしているためのようだ。

オニガシを含む各種の台湾産のドングリが海岸に漂着しているのに、ドングリをつける木は与那国島には二種だけ、沖縄全体でもたった五種しか分布していない。してみると、ドングリはやはり海を渡るのが苦手なのだ。海岸に漂着するオニガシのドングリは、発芽能力がないものばかりなのだろう。ちなみに一度も陸地とつながったことのない小笠原の島々には、ブナ科の木が全くないことが知られている。少ないながらも沖縄の島々にドングリをつける木が存在しているのは、かつて他の陸地とつながった地史があるからだ。

ドングリの謎

もう一度、問題を整理してみよう。

沖縄の島々にドングリをつける木はある。

しかし種数はきわめて少ない。

それはなぜだろうか。

日本の照葉樹林は、わずかな種数のシイやカシの仲間が優先するのは、日本が島であるから――と「花粉分析からみた照葉樹林の植生史」にある。

「多くの暖地性の種が、寒冷な氷期（特に最終氷期）に陸づたいに南に避難できずに絶滅してしまい、また、後氷期に温暖化した際にも、多くの種が逃避していた中国南部などの地域から、暖地性の種が速やかに移動することができなかったのではなかろうか」

なるほど。

気候変動に伴う、照葉樹林の「動き」と、島であるという立地の相互作用で、どこにどのくらいドングリをつける木が生えているかが決まっていたのだ。

同様の作用が、もっと小さな島である琉球列島の島々には厳しく働いたため、沖縄はドングリをつける木の種数が少ないということのようだ。つまり、島が小さいため、気候変動がおこると生育場所が狭められたり消失したりして種の絶滅が起こりやすいことに加え、もともと小さな島では個体数が少ないことから、絶滅が起こりやすいという側面もあるということだ。

何千年・何万年というスケールで見てみれば、森はダイナミックに動いている。

寒冷化によって南下した暖地性の森の木々が、海に退路を塞がれて絶滅してしまうこともあれば、押し込められるような形でありつつも、なんとか半島の先端部で生き延びることもある。そうした暖地性の木々の避難所となった地点をレフュージアと呼ぶ。そのレフュージアという言葉が、自分の中にひっかかる。

日本の暖地に広く広がっていた照葉樹林は、太古からの人々の開拓によってずたずたにされ、まとまった森としては、ほとんど残されていない。宮崎の綾、屋久島、奄美大島、ヤンバル、西表島などなど……それらは、日本に残された数少ない照葉樹林の残る地域だ。それらの森でさえ、人間による開発の影響はモザイク状に入り込んでいる。本当の照葉樹林らしさを保つ森……つまりは、「暗い」「怖い」「不快」な森は、ごくわずかになってしまっている。

ひょっとして。

ヤンバルで行きついたオキナワウラジロガシの生える森は、レフュージアとしての意味合いがあるのではあるまいか。漠然とそんな考えが浮かぶ。そこは本来、照葉樹林の森に息づいていた、湿気好きの生き物たちの避難場所。言わば湿気のレフュージア。

不快の森は、貴重な森ということか。

ヤンバルの湿気だまりの森に、再度住人を訪ねてみたいと思うようになる。

4章　冬虫夏草の森

冬虫夏草

沖縄は例年、ゴールデンウィーク明けのころから梅雨入りする。

初めて沖縄の梅雨を体験したときは、ノックダウンに近い衝撃を受けた。ある朝、目が覚めて見回したら、マンションの部屋の畳全体が、うっすらと青く色づいていたのである。思わず、宮崎駿の映画、「風の谷のナウシカ」に出てくる「腐海」が頭に浮かんだ。僕は、あわてて電機屋に除湿機を買いに走った。僕は理科教員と同時に、生き物のイラストも手掛けているが、梅雨時期に困るのは、絵の具で色を塗ったあと、いつまでも絵が乾かないことだ。紙をもって立てようとすると、湿気でへたってしまうのを見て、また湿気のひどさを思い知る。だから沖縄暮らしの中では、梅雨だけは好きになれなかった。　ある日、それまでと一転、風にさわやかさが感じられるようになると、梅雨明けだ。その日の訪れを、無性にうれしいと思ったものだ。

ところが、森の中で湿気だまりを探すようになると、梅雨の持つ意味合いが異なってくる。梅雨ともなれば、湿気だまりがさらに湿気ることになる。それは、「すごい」ことなのじゃないだろうか……と、そんなふうに思えるようになったのだ。

五月中旬。梅雨も半ばだ。しかし、この年の梅雨は、空梅雨気味だった。この日も天気は、そう悪くはない。

冬虫夏草を探しに行こうと思う。

冬虫夏草とは、平たく言うと、「虫にとり付き殺し、その栄養をもとに成長するキノコ」ということになる。

「キモイ」

今どきの若者的に言えば、こう言われかねない姿をした生き物である。

しかし、なんとも魅力のある生き物であると、僕は思う。虫の体からキノコが伸びているというビジュアルもさることながら、どうやって虫にとりつくのかとか、どんな虫が好きなのかとか、その生態は謎めいていて興味がつきない。

冬虫夏草というのは、もともと中国でこの仲間のキノコにつけられた名前だ。昔の中国の人々は、「虫にとり付き殺し、その栄養をもとに成長するキノコ」とは思わず、「冬は虫で夏は草に変身する不思議な生き物」と思ったのだ。

元祖冬虫夏草の和名は、シネンシストウチュウカソウまたはトウチュウカソウ（学名は *Cordyceps sinensis* または、*Ophiocordyceps sinensis*）という。このキノコは、中国・ネパール・ブータンなどの高山帯（標高三六〇〇～五〇〇〇メートル）に限って見られる種類である。この元祖冬虫夏草のホスト（菌にとりつかれる相手）となるのは、主に〝ヒマラヤン・ゴースト・モス〟と呼ばれる、コウモリガ科の一種（*Thitarodes armoricanes*）の幼虫、つまりはイモムシだ。イモムシは、地下生で、双子葉類から単子葉類のスゲまで、多種多様な草の根を食べて育ち、環境によって、二～六年ほども成長に時間をかけるという。シネンシストウチュウカソウは、このガの終齢幼虫をたおし（若い時期に感染し、しばらく休眠しているのではないかと考えられている）、やがて地中の幼虫の頭部から、棍棒状のキノコを伸ばす。このシネンシストウチュウカソウを干したものは、古くから薬用とされていた。

薬用としての元祖冬虫夏草は、現在は、需要増に伴って、なかなか高価なものとなっている。『サイエンス』のニュース・フォーカスのコーナーに書かれたストーンの記事によると、二〇〇七年には最高級のシネンシストウチュウカソウの乾物の値段が、一キロあたり六万ドルに高騰したとある（同記事中には、シネンシストウチュウカソウを巡って、採集人同士のあいだで深刻な対立が起こり、死亡事件まで巻き起こったという例まで紹介されている）。

冬虫夏草という名称は、もともと一種のキノコを指すものであったのだが、やがて元祖冬虫夏草と同様、虫にとり付くキノコの仲間全体も、冬虫夏草と呼ぶようになった。冬虫夏草の仲間は（どこからどこまでが冬虫夏草なのかという境界ははっきりしていないのだが）、世界全体で五〇〇種以上も報告があるとされている。

その種類ごとによって、形態も、ホストの種類もさまざまである。「虫にとり付く」とこれまで書いたのは、ホストには昆虫だけでなく、クモや無脊椎動物の卵（後述するように、虫ではないものまでとり付く種類もあるのだが）なども含まれているからである。

冬虫夏草には多くの種類があるので、その発生地も、何も中国大陸の高山とは限らない。日本からも多くの冬虫夏草が報告されている。その中にはオサムシの成虫にとり付くオサムシタケや、地中に巣をつくるキシノウエトタテグモにとり付くクモタケのように、東京都内の公園などで発生が見られるものさえある。逆に言えば、生育環境ごとに見られる冬虫夏草の種類は異なっている。

冬虫夏草はキノコの仲間だ。キノコ狩りと言えば、秋の風物詩である。そのため、僕も冬虫夏草を追いかけ始めたころは、冬虫夏草も秋に探すものであるという固定観念のようなものがあった。しかし、実際に冬虫夏草を追いかけてみると、梅雨頃から夏にかけてが、発生のピーク期であることがわかるようになる。冬虫夏草は、湿気好きの生き物でも、その筆頭にあげられるような生き物なのだ。僕が長年教員として勤めていた、埼玉の学校周辺でも冬虫夏草の姿を見ることはあった。その発生場所は、雑木林の中でも、沢沿いに集中していた。発生のピークが梅雨ごろであり、なおかつ発生地も沢沿いに集中している。これが、冬虫夏草が湿気好きの生き物の中でも、その筆頭にあげられる――と僕が書いた理由である。

沖縄島の場合、梅雨が明けて本格的な夏が来ると、乾燥が厳しくなり、冬虫夏草の発生には不適となる。だから冬虫夏草の探索は、梅雨時期に絞り込まれてしまう。

冬虫夏草は薬用として使われていることに対しては、一定の認知はあるものの、生き物そのものとして、一般に認知されているとは言い難い。しかし、冬虫夏草の生き物としての側面に魅かれる冬虫夏草屋を自称する人々は案外いる。冬虫夏草屋の集まりである、「日本冬虫夏草の会」なる団体まで存在しているぐらいだ。かく言う僕もその会員の一人である。琉球列島のうち、奄美大島と西表島については、冬虫夏草の会のメンバーが調査を重ねてきた歴史があり、両島から多くの種類が見つかっている。

一方で、僕の住んでいる沖縄島からは、それまでほとんど冬虫夏草が報告されてこなかった。冬虫夏草屋にとっての処女地が沖縄島であったのだ。それにはそれなりの理由もある。沖縄島は森の残る北部は地形的に急峻で、沢沿いの平たん地が少ない。また数少ないそうした場所も米軍基地内であったり、ダムで水没したりしていて、冬虫夏草の発生適地があまりないと考えられていたからだ。事実、僕は沖縄に移住してから機会があるごとに冬虫夏草を探してみたものの、偶然、見つけるようなことがあるにはあったが、思うように冬虫夏草を探し出すことはできていなかった。

しかし、この日の僕には、一つの目算があった。僕は、前年の秋、オキナワウラジロガシのドングリを拾った森のことを思い出していたのである。

冬虫夏草の探し方

那覇から片道三時間。ヤンバルのとある林道の端にある空き地に車を止める。車を降りて、シイを主体とした森の中の山道を二〇分ほど歩いていく。常緑樹であるシイの森の中はいつも薄暗い。その山道からシダの生い茂る谷に降りれば、そこが、オキナワウラジロガシがまとまって生える一角だ。

山道から谷の中に入り込む前に一呼吸。ここからは道なき林床に足を踏み入れるのだ。ハブがどこに隠れているかもわからない。しかし、そんな恐怖感より、冬虫夏草が見つかるかもという期待感のほうが勝ってしまう。

しかし、冬虫夏草は、そうそう、見つかるものではない。なんとなれば、冬虫夏草は小さなものが多いからだ。

冬虫夏草の探し方にはコツがある。

まず、冬虫夏草の発生の仕方には三タイプある——ということを頭に入れておく必要がある。

一 地生型
二 気生型
三 朽ち木生型

地生型というのは、地中に埋まったり、地表の落ち葉の下に隠れているホストから発生したりする冬虫夏草だ。気生型というのは、樹幹、木や草の葉の裏、石の表面などに着生したホストから発生した冬虫夏草のこと。朽ち木生型というのは、朽ち木の中に潜り込んでいるホストから発生している冬虫夏草のことである。つまり冬虫夏草を探す場合、地表を探すのか、樹幹や葉裏に着生しているものを探すのか、または朽ち木を探すのか——ということを決めておく必要があるのだ。

冬虫夏草
イトヒキミジンアリタケ
気生型
ヒュウガゴキブリタケ
朽ち木生型
ハエヤドリタケ
気生型
ヤクシマセミタケ
地生型
サナギタケ
地生型
シロタマゴクチキムシタケ
朽ち木生型

例えば、地生型を探すときに限ったとしても、次の困難が待ち受けている。

林床にはさまざまな「もの」たちが転がっていたりする。その中に紛れている冬虫夏草を探し出すには、根気と集中力が必要とされるのだ。僕が冬虫夏草屋に入門したとき、師匠から言われたのは、「林床に目を落とし、目に入るものをすべて識別せよ」ということだった。「これは木の葉、これはただのキノコ、これは虫のヌケガラ……」そうして、分類できないものがあったら、それが「冬虫夏草の候補である」というのである。

谷に足を踏み入れる。足元には、カワリウスバシダやヘツカシダが茂っている。シダの葉をかき分け、ハブがいないことを確認しながら、歩を進める。しばらく谷の中に入りこんだところで、立ち止まる。谷の側面にあたる斜面は、シイやオキナワウラジロガシの木々が生える森だ。それらの木々の根本には、土が露わになった土手になっている。その土手や足元の地面に目を凝らす。

あれは何か？

それは、去年、落ちたオキナワウラジロガシのドングリ。

あれは何か？

これは落ち葉を分解しているキノコの菌糸。

あれは何か？

それは未熟なエダウチホコリタケモドキ。

こんなふうにひとつひとつ、目に入るものを確認していく。もちろん、師匠の言葉にあったように、目に入るすべてを識別しきることはできない。しかし、心がけとしては、そんなつもりで見ていかないと、冬虫夏草は目に留まらないのである。また、こうして林床にしゃがみ込んで、目に入るものをひとつひとつ識別していくと、だんだんと目がそうしたものに慣れていく。森の中を歩き回っているときには目に留まらなかったような小さなものにも目が留まるようになってくる。

少しずつ、僕も妖怪に近づいていく気分になってくる。

その名も、「妖怪あれはなにか」である。

目を他に転じて、さらに探す。

あれは何か？

「あれっ？」

気になるものが目に入った。

気になるもの。それは、林床にあって、それまで識別してきたものとは異質な「何か」だ。それこそ、冬虫夏草の候補である。

地表に小さな棍棒状のものが突き出ている。色は黄土色だ。ここで、ベルト・ポーチの中から、冬虫夏草採用のグッズを一つ取り出す。虫眼鏡である。虫眼鏡で棍棒状のものを拡大して見てみる。棍棒状のものの表面に、小さな粒々があるのが見て取れる。

「冬虫夏草っぽい」

そんな判定を自分の中で下す。

少し、胸の動悸が早くなる。

ここで、冬虫夏草のつくりの解説を少し、しておく必要があるだろう。冬虫夏草におかされた虫は、絶命し、やがて虫の体の中がすっかり菌糸におきかわる。さらにその虫体からキノコが伸び出すわけだが、そのキノコのことを専門的にはストローマと呼ぶ。ストローマは、一般的には柄と頭部にわかれる。柄や頭部の色や形は種によってさまざまである。また、頭部には、胞子を放出する器官がある。

一般的にキノコと言えば、シイタケのように傘型の姿を思い浮かべるだろう。この傘型のキノコは、傘の裏側のヒダの部分に胞子を生産し、放出する仕組みが備わっている。シイタケのように、この傘型のキノコを作る種類は、担子菌類と呼ばれるグループの菌類である。一方、冬虫夏草は菌類の中で子嚢《しのう》菌類と呼ばれるグループに属する。この子嚢菌類は、子嚢と呼ばれる器官をもつのが特徴である。

冬虫夏草のストローマの頭部を拡大して見ると、粒々があるのがわかる。この粒の付き方も種類によっていろいろなのだが、この粒々が、子嚢殻と呼ばれるものだ。この子嚢殻の中に子嚢と呼ばれる小さな細長い袋がしまわれていて、その袋の中から胞子が放出される仕組みになっている。担子菌類の中にも、ソウメンタケと呼ばれるキノコの仲間は、細長い形をしていて、一見、冬虫夏草のストローマを思わせる形をしている。しかし、表面を観察すると、冬虫夏草のような粒々は見られない。こんなふうに、子嚢殻と呼ばれる粒々があるかどうかが、冬虫夏草かどうかを見極める際の、一つの識別点となっている。もちろん、本当にそうかどうかは、実際に根本を掘って、ホストである虫がついているかどうかを確かめる必要がある。

もうひとつ、冬虫夏草のつくりについても付け加えておく必要がある。

冬虫夏草を含む菌類には、同じ種類の菌でありながら、専門用語でテレオモルフとアナモルフと呼ぶ姿の違いが見られる場合がある。

妖怪 あれはなにか
森の中よりあれはなにかと問ふ
つぶやきが聞こゆる時有り。
それあれはなにかのしわざ也。
この妖怪森の中に沈みひたすら
地をのぞき込みつぶやき続ける。
また時に小穴を掘るとも言
ふ。頭に手ぬぐいを被ってい
るのが常の姿せ。梅雨の頃
に現れ梅雨明けとともに姿
を消す。

動物の場合、一般にオスとメスが存在し、メスの持つ卵子がオスの精子によって受精し、新たな個体が生み出される。ところが子嚢菌類の場合、一般の動物で見られる有性生殖のほかに、体の一部が無性的に分裂して増殖する無性生殖も行うことができる。南方熊楠は、これをユリに例えている。ユリは、花が咲き、めしべが受粉することで種子ができて増える。これが有性生殖である。

ところがユリは、葉の脇に、むかごという芽ができ、むかごによっても繁殖できる。受粉によらない、むかごによる繁殖は無性生殖である。菌糸の一部に、このむかごにあたる胞子をつける場合が、子嚢菌類にはあるというわけである――と。

冬虫夏草の場合、ストローマの先端に子嚢殻の粒々が見られるというつくりは、有性生殖を行う場合の姿であり、これをテレオモルフという。一方、分生子と呼ばれる無性生殖による繁殖を行う場合は、このテレオモルフとは姿が随分と異なっていることが多い。無性生殖を行う姿のことは、アナモルフと呼んでいる。

例えば、ある種の冬虫夏草のテレオモルフが、いわゆる冬虫夏草的なホストの虫の体からにょっきりと伸びたストローマを持つのに対し、同一種のアナモルフは、ホストの体の表面にカビが生えているようにしか見えない場合もある。こんなふうに、テレオモルフとアナモルフは、姿があまりに異なっていることもあるため、これまで、別々の学名をつけられて記載されることも多かった。近年になって、遺伝子による解析が行われるようになり、それによって、どのテレオモルフと、どのアナモルフが同じ種の別の姿にあたるのかについて、あらたな事実が次々にわかり始めている。

テレオモルフとアナモルフ

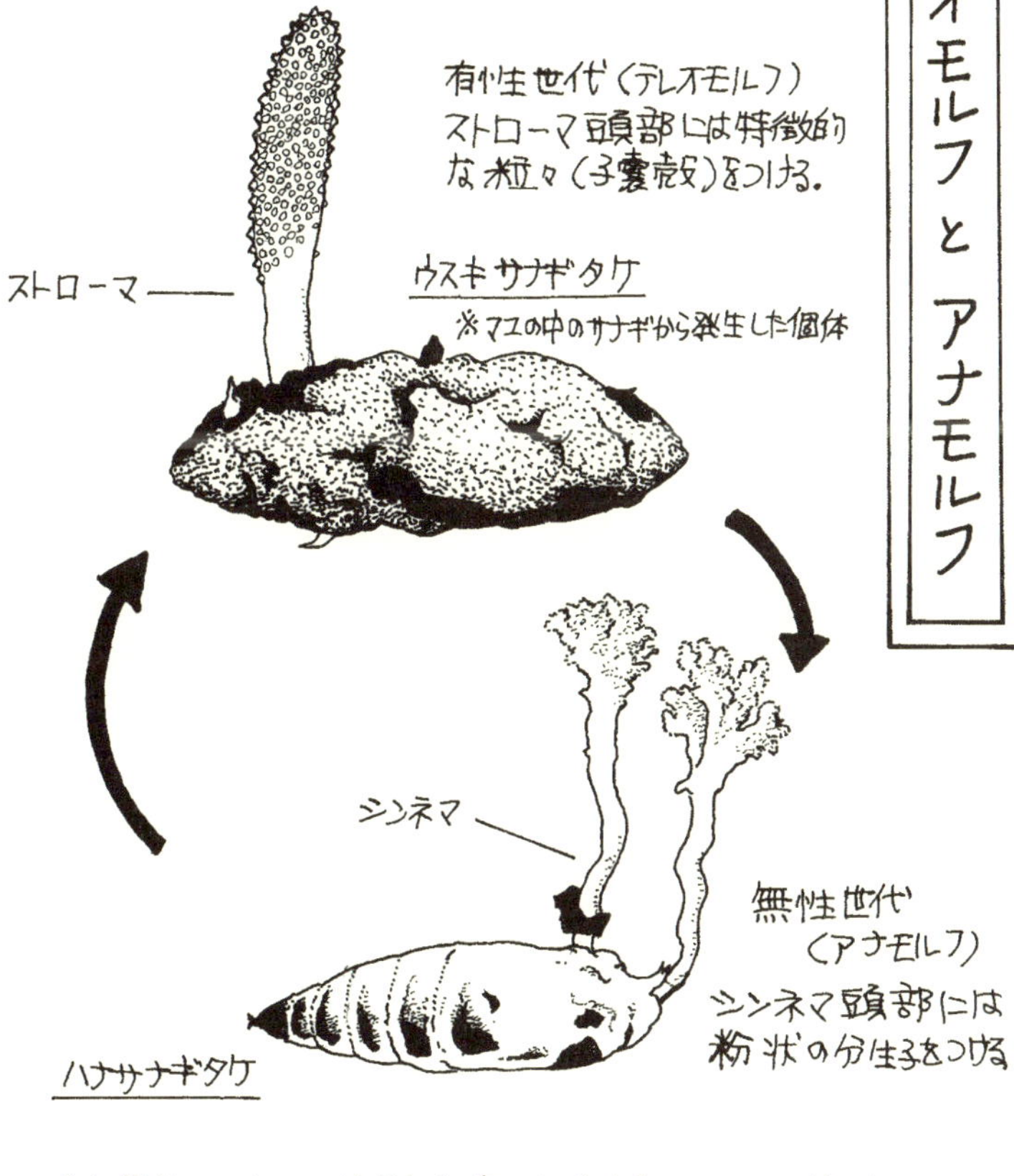

冬虫夏草は有性生殖を行う世代（テレオモルフ）と無性生殖を行う世代（アナモルフ）を持つ。また、両世代で、姿が全く異っていることも多く、まだ両世代の関係性がわかっていない種もある。

冬虫夏草の掘り方

ヤンバルの森に潜り込み、冬虫夏草と思えるものを林床に発見した。

ここで、ベルト・ポーチの中から、さらに冬虫夏草用のグッズを取り出すことにする。取り出したのは、小さなシャベル、ナイフ、ハサミそれにピンセットだ。

冬虫夏草は、地中に埋まった虫の体からストローマが伸びているものが少なくない。そこで採集には、土を掘るための小さなシャベルやスプーンが必要となる。ピンセットは、冬虫夏草の周りから、丁寧に土を取り除くために必要な道具だ。というのも、冬虫夏草の地中に伸びた柄は細長いものもあり、手荒に掘り出そうとすると、切れてしまうこともあるからだ（冬虫夏草の柄を途中で切ってしまうことを、冬虫夏草屋はギロチンと呼ぶ）。ナイフやハサミも必需品で、これは土中の根を切り取るのに使う。根を力任せに引きちぎると、根が動いて冬虫夏草の柄を切ってしまうことが、ままあるからだ。ハサミも太い根を切ることを想定すると、剪定バサミがいい。

掘り始める前に、一息整える。

これがまず、大事なこと。

地生型の冬虫夏草の場合、地中深くに潜っているホストから長い柄が伸びていることもある。掘りあげが、長期戦にもつれ込む場合もあるのだ。

つづいて、冬虫夏草候補の根もとから少し離れたところを、シャベルで掘っていく。根元のすぐそばを掘らないのは、地中に柄が、どのように伸びているかがわからないためだ。むやみに近くを掘ってしまうと、柄を切ってしまう恐れがある。穴を掘っているときに、木や草の根がでてきたときも注意が必要である。先にも書いたが、木の根は、引きちぎってはいけない。面倒くさくても、ひとつひとつ、ナイフかハサミで切って、取り除く。

冬虫夏草候補のちかくに小さな穴が掘れたら、次は、その穴から、ピンセットを使って少しずつ土を取り除き、ストローマと思われるものの根元に近づいていく。

とにかく、根気のいる作業である。

冬虫夏草候補の根元は、掘ってみると、案の定、地中深くまで柄が伸びているよう。いよいよ、冬虫夏草の可能性が高まってきた。しかし、柄の元のホストまでたどりつくのは、どうやら大変そうだ。なにしろ、木の根があちこちに走っている。それを切り落とし、露わになった土を少しずつピンセットで取り除き……。

ところが。

注意をしていたはずなのに、ぷっつりと柄が切れてしまう。ギロチンである。

僕はここまでえらそうに冬虫夏草の掘り方の講釈をしてきたわけだが、実は冬虫夏草を掘り取るのが苦手だ。当然、何度もギロチンの経験がある。しかし、何度経験しても、がっくりしてしまうことに、変わりはない。

気を取り直して、周囲を見渡す。「冬虫夏草は、一本見たら、他にもあると思え」というのは、冬虫夏草屋の鉄則である。ちなみに、冬虫夏草の発生条件に適した場所には、複数の冬虫夏草が、毎年、決まって発生する。このような場所のことを、冬虫夏草屋は「坪」と呼ぶ。

まだないか。

あった。すぐわきに、同じようなものがある。さっそく、掘る。

梅雨時期の照葉樹林の林床は、蒸し暑い。細かな作業をしていると、汗が噴き出る。その汗が目にしみる。湿気ですぐにメガネは曇る。カやブユも体中にまとわりつく。どうしても気が散る。

ぶつっ。

また、ギロチン。

あああ……。

またまた、がっくりである。それでも、先ほどよりは深くまで掘れた。柄は途中で切れてしまったが、その切れた先を掘ると、セミの幼虫が出てきた。セミの幼虫につく冬虫夏草であることがはっきりした。

まだないか。

なんと、あった。が、ストローマを見ると、変色しかかっている。どうやら老成個体だ。老成したものはもろくなり、切れやすくなる。これを掘り取るには、細心の注意が必要だ。

それでも、やっぱり、ギロチン。

ここまでくると、本当になさけなくなる。穴があったら入りたいとはこのことだ。

まだないか。

天の恵み。あった。ここで根性を入れ直さなければ、冬虫夏草屋の名称は返上せねばならない。ごく細い木の根がでてきても、ひとつひとつ、ハサミで切り落とす。できるだけシャベルを使わずに、ピンセットで土を取り除きながら、注意深く掘る。僕がギロチンの常習犯なのは、とにかくせっかちだから。その性分を抑え込む。時間をかけてもいいと、何度も自分に言いきかせる。まとわりつく虫も噴き出る汗も、できるだけ、我慢。

掘れた。根本からストローマのてっぺんまで一一センチほどの長さがある。

ほうっ、と一息。

こんなに長い柄を持っている、しかも南の島の森で見つかるセミ生の冬虫夏草は限られている。どうやら僕が見つけたのはアマミセミタケという南方系の種類のようだった。アマミセミタケは、屋久島や西表島の森で見たことはあったけれど、ヤンバルの森で見つけるのは、初めてのことだ。いや、僕が見つける以前、誰も、沖縄島からこの冬虫夏草を報告した人はいないだろう。

ようやく余裕ができる。さらに森の中を冬虫夏草まなこで捜し歩く。やはり地生型の、小さなガのサナギから、黄色い棍棒状のストローマが伸びた冬虫夏草も見つかった。こちらは、関東の雑木林などでもみたことがある、ウスキサナギタケと呼ばれる種類のようだ。この種類も、ヤンバルの森で見つけるのは、初めてのこと（これもまた、沖縄島初記録だろう）。

僕のもくろみは外れてはいなかった。

オキナワウラジロガシの森は、湿気の森。

その森は、冬虫夏草の「坪」であったのだ。

冬虫夏草探しの恰好

一週間後の週末。僕は再び、オキナワウラジロガシの森に向かうことにした。那覇を出る時は雨だった。朝、五時四五分に那覇を出て、道路をひたすら北上する。ようやく九時に、森の入り口の林道に到着し、車を林道脇の空き地に停める。途中、何度かヤンバルクイナが林道を横切るのを見る。

この日は、アマミセミタケの「坪」に入る前に、その近くにある、沢沿いの平たん地の森にも入ってみる。沢沿いで平たん地――ということで、冬虫夏草が何か見つかるのではないかと思ったが、何も見つからない。単純に沢沿いだから湿度条件がよさそうと思ったのだが、そういうわけではないらしい。森の中をよく見ると、生えている木がいずれも細い。伐採されてから、それほど長い時間が経っていない森なのだ。樹幹を見てもコケが生えていない。「湿度だまり」になっていないのである。沢沿いといっても、風通しがよいということのよう。湿度だまりのランド・マークであるオキナワウラジロガシも見当たらなかった。

これからすると、ヤンバルの森の中でも、冬虫夏草たちも生育できるような湿気だまりは、ピンポイントでしか存在していないらしい。

今度はいよいよ、アマミセミタケの坪に入り込んでみる。

山道からはずれ、道なき谷に入り込むときに、まず、一呼吸。ハブに気を付けるため、生い茂るシダの葉をかき分け、足元を確認しながら、一歩ずつ、谷の中を進んでいく。

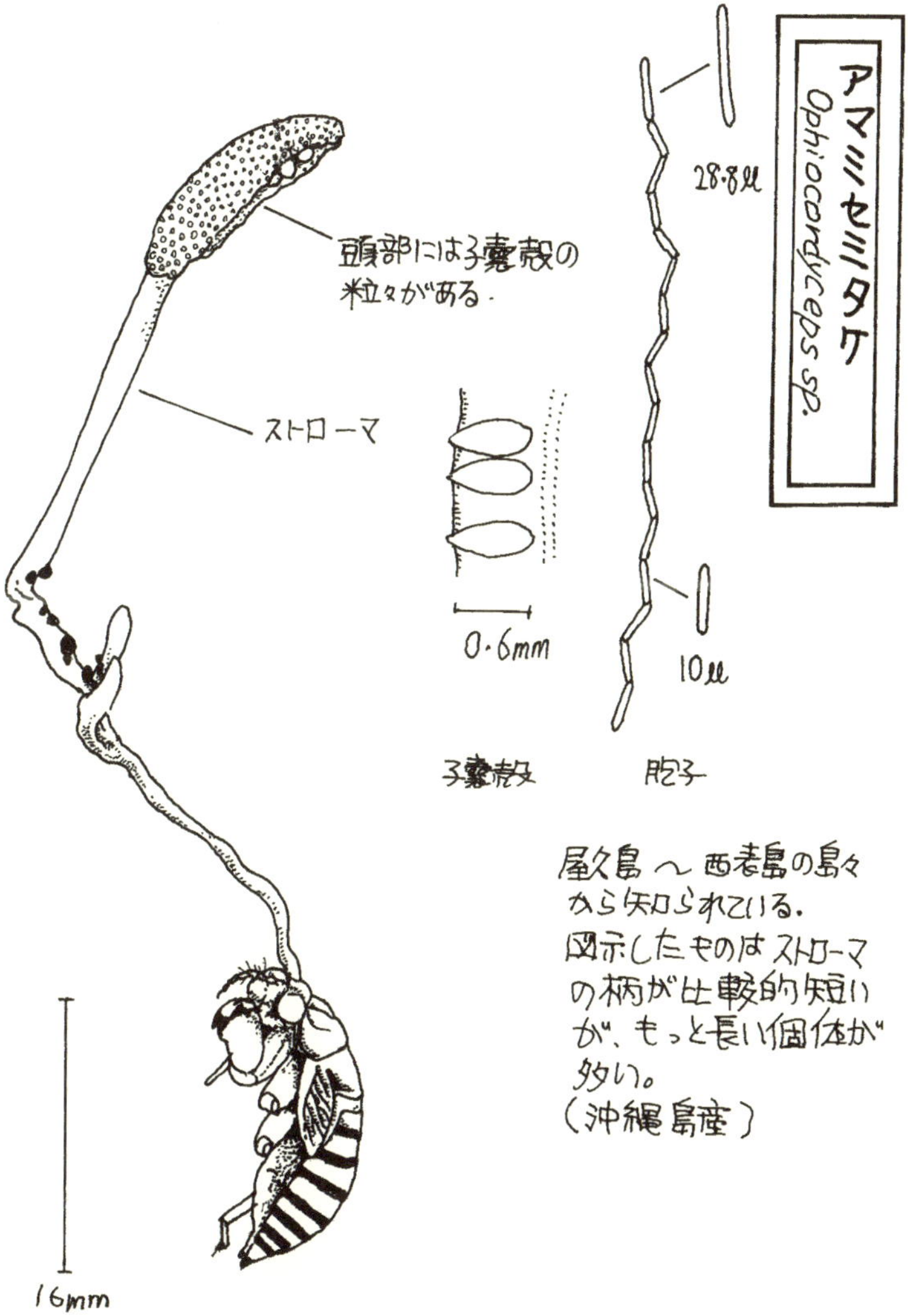
アマミセミタケ
Ophiocordyceps sp.
28.8μ
頭部には子囊殻の粒々がある.
ストローマ
0.6mm
10μ
子囊殻
胞子
屋久島～西表島の島々から知られている.
図示したものはストローマの柄が比較的短いが、もっと長い個体が多い。
(沖縄島産)
16mm

ここぞというところでは立ち止まり、さらにはかがみこんで、「あれは何か？」という自問自答を始める。

こんなことをしていると、どうしても虫に刺される。それも刺されてしまうのがやっかいだ。ブユに刺されると、カに刺されるよりもずいぶんと腫れる。それだけではすまないことがある。僕の友人が、一度に何十匹ものブユに刺されたことがあった（崖にロープをかけて植物を調査中のことだったので、体にまとわりつくブユを追い払えなかったのだ）。まぁ、ブユに刺されたぐらい……と本人も思っていたのだが、彼はその後、アナフラキシーショックをおこし、病院に担ぎ込まれてしまった。一度にたくさんのブユに刺されるのは、生命の危険につながることなのだ。こんな騒ぎを目の当たりにしたことがあるものだから、以後、僕は森に一人で入る時に、またひとつ、「恐怖」を抱え込むことになった。

「万一、森の中でブユに刺されまくって倒れたりしても、山道から離れて入り込んでいるから、誰も見つけてはくれないだろうな」と。

そもそも僕が森に入り込むのに使っている山道自体、ほとんど人通りがないわけだし。

前回、梅雨時期のヤンバルの森で冬虫夏草を探すには、虫対策が重要であることを思い知った。そこで、それなりの恰好を用意することにする。これまでも森の中に入るには、ハブよけのために、長靴と杖を持つといういでたちはしてきた。加えて、蒸し暑い最中ではあるけれど、長袖を着ることにする。さらに顔には手ぬぐいで頬かむりをする。これで、かなり露出部が少なくなる。

照葉樹林の中の湿気だまりで、湿気好きの生き物たちを探すさまは、ダイビングをしているようだというイメージを、僕は持った。ダイビングにも、ウエットスーツやらタンクやら水中メガネやらの装備があれこれ必要で、その装備が整って、初めて水中の異世界に足を踏み入れることができる。照葉樹林の湿気だまりも、水中ほどではないが、一種の異世界なのだ。だから、潜り込むには、それなりの恰好が必要だ。頬かむりや長袖シャツこそ、照葉樹林ダイバーにとっての、ウエットスーツやボンベである。

こうした装備を整えても、ブユは、手の甲といった、わずかな露出部を見逃さない。どれだけ効き目があるかはわからなかったが、腕時計型の防虫具も身に着ける。それでも、気が付けば、頬かむりからはみ出していた耳たぶはブユに刺されてパンパンに腫れている……。

ヤンバルの森にたどり着くまでに、すでに雨は上がっていた。が、林床のシダや草は雨ですっかり濡れている。冬虫夏草探しは、道なき森の中を、下草をかき分け入り込む。そのため、すっかりズボンはぐしょぐしょである。雨上がりの森は湿度満点である。アマミセミタケの「坪」になっている谷には、風も通らない。そんな中で長袖を着ているせいで、上半身は汗でびしょ濡れである。照葉樹林は不快の森。梅雨時期とあっては、なおさらである。

あれは何か？

あれは、落ち葉の葉柄。

これは何か？

これは枯れ枝にまとわりついた菌糸。

何かないか？

照葉樹林ダイバー

梅雨期の標準装備
森に入る前に防虫スプレーを噴霧しておく
ザックの中身
お茶
大型のプラスチック容器
カサ
ビニール袋
手ぬぐい
手ぬぐい
眼鏡ケース
長袖シャツ
腕時計型の虫よけ
フィールドノート
No301
ハブよけの棒
長グツ
ベルトポーチの中身
虫眼鏡
携帯用毒吸出器
・冬虫夏草掘り取りグッズ
小型のプラスチック容器
ナイフ
懐中電灯
剪定バサミ
ミニスコップ

細長い、白っぽいものが見える。

菌のよう。しかし、ただのキノコではない。冬虫夏草？ その白っぽいものの先端は、黄色味をおび、やや膨らんでいる。根元は落ち葉の中に隠れている。そっと根元近くの落ち葉をかき分けると、コロリとアシナガバチの死体が出てきた。腹部や後ろ脚は失われているが、胸や頭、翅などはそっくり、生前の姿を残している。やはり、冬虫夏草であった。

見つかった冬虫夏草は、ハチタケだった。細長いストローマは、ハチの胸のあたりから伸び出している。そのストローマの全長は七五ミリにもなる。

「おおっ」と、一人、声を上げる。

ハチタケは、冬虫夏草としては普通種だ。しかし、ヤンバルの森でハチタケを見つけるのも、初めてのことだった。しかも、ハチタケはなかなか、かっこいい冬虫夏草である。

冬虫夏草の中でもハチタケはシネンシストウチュウカソウと並んで、由緒正しき種類でもある。それというのも、西欧で初めて認識された冬虫夏草がハチタケなのだ。そのため、冬虫夏草のことを英語では、〝ベジタブル・ワスプ アンド プラント・ワーム〟と呼ぶ。

西欧の古い文献を見ると、この〝ベジタブル・ワスプ〟の発見について、次のような記述がある。報告者は、スペインのトルビアというフランシスコ会の修道士だ。

「ニュースペイン（注：キューバのこと）のハバナの街から二リーグほど離れたところで、一七四九年の二月一〇日、私は何匹かの死んだハチを野外で見つけた。すべてのハチの腹部から植物が芽を出していた。それらは五スパン（一スパンは二〇センチほど）の高さがあった。原住民たちはこれをギアと呼んでいる……」

ハチタケはこのトルビアの発見後、南米やヨーロッパ、東南アジアなどでも見つかっている。日本においても、北海道の落葉樹林でスズメバチ類にとりついた標本をもらったことがあるし、自分自身でも関東の雑木林でやはりスズメバチ類にとりついたものを見つけたこともある、そして、こうしてヤンバルの照葉樹林でも見つけることができた。冬虫夏草も種類によって、生育地はさまざまであると先に書いた。しかし、中にはハチタケのように、汎世界的に分布し、いろいろな森で見つかる種類もある。普通種が普通に見られるわけというのも、よく考えると謎がある。また、普通種といえども、見られない場所というのもあったりする。

さらに探すと、もう一本、ハチタケが見つかった。ホストとなっているのは、やはりアシナガバチ類だ。ただし、こちらは未熟なものだった。細長い柄が伸びるだけで、頭部ができあがっていなかった。それにしても、すごい、すごい。今まで、沖縄島で、こんなふうに一か所の森で何本もの冬虫夏草を見つけたことがなかった。

さらに探すと、アマミセミタケも追加で一本、見つけることができた。

満足。

谷から山道に戻る。ダイビングで言えば、「浮上」だ。「戻ってきた」と思う。しかし、ここで気を抜くことなく、山道を下って林道へ。林道へ戻ると、風がほほに当たる。ここで本格的に緊張が解ける。

湿度満点。

虫たちの猛攻付き。

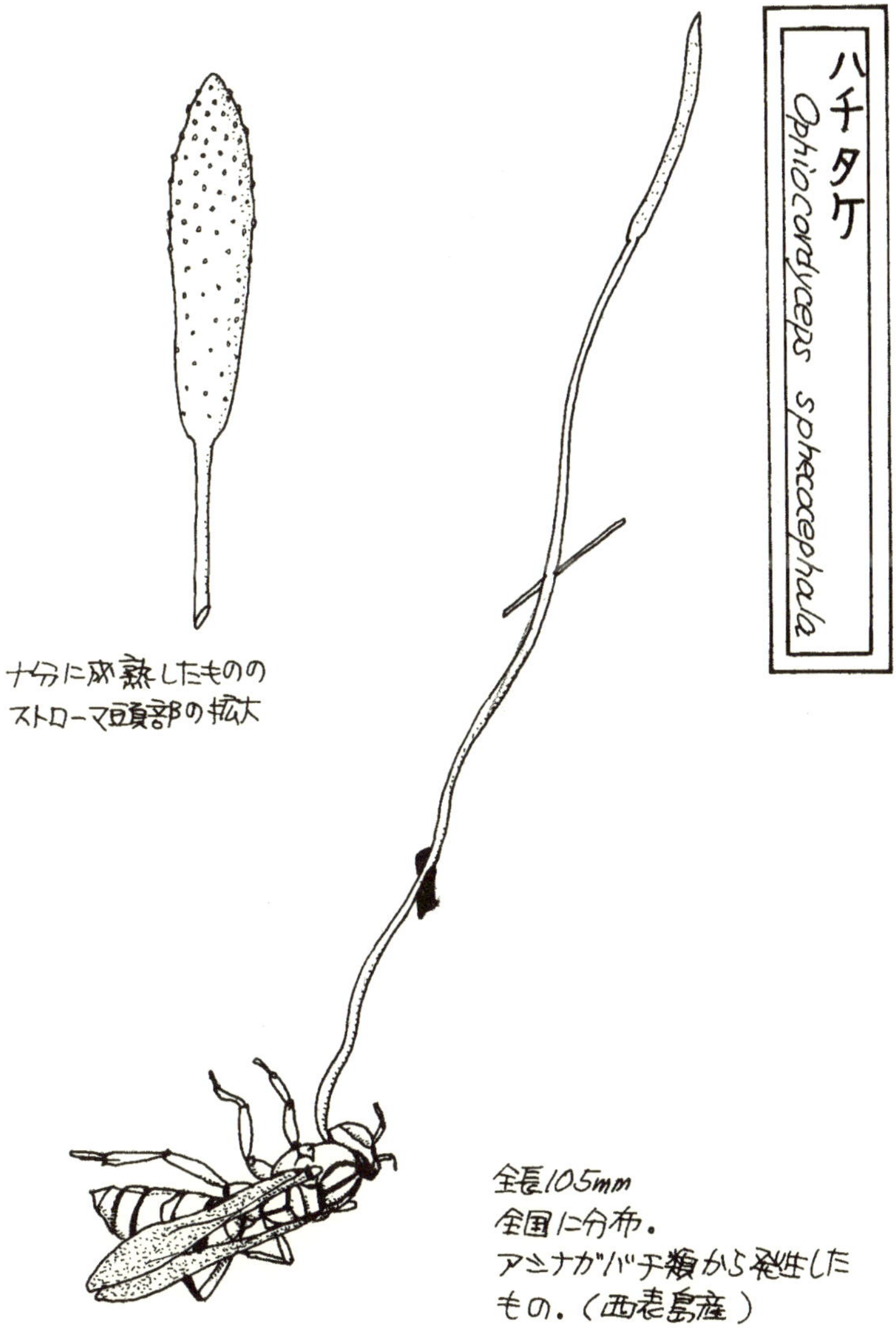
ハチタケ
Ophiocordyceps sphecocephala
十分に成熟したものの
ストローマ頭部の拡大
全長105mm
全国に分布.
アシナガバチ類から発生した
もの.（西表島産）

照葉樹林は「不快」の森。

けれど気がつけば、僕はその不快の森の探索に、深くはまりこんでいた。

「坪」詣で

ついつい、その翌週の週末も、アマミセミタケの「坪」に向かって車を走らせてしまう。アマミセミタケの「坪」に行くまでには、片道三時間の行程だ。那覇から早起きをして出かけてもいいのだけれども、できるだけ早い時間から森に入り込むために、土曜日の夜のうちにヤンバルに入ることにしてはどうかと考えた。

しかし、闇の森のかたわらで寝る覚悟がなかなかない。そこで、ダムサイトの駐車場に車を停めて寝ることにした。これなら、駐車場のトイレの明かりもあることだし……と。ところが、今度は、ダムに上る峠道を爆走する車の音が気になって眠れない。結局、車をもう一度走らせ、街灯もまったくない、林道脇の闇の中へ。虫のすだく声と、まだ遠くに聞こえる車の爆音をBGMにして、車の中で眠る。翌朝、一番で森へ。

脚は長靴。長袖もつけて、頬かむりと杖も忘れずに……。

「毎週通ったら、さすがに新しいものは見つからないか……」

いさんで森にやってはきたものの、山道を歩きながら、そんなふうにも思う。

アマミセミタケの「坪」のある谷についた。道をはずれて森の中に入り込む。いつものように手にした杖でシダの葉をめくって、葉影にハブがいないことを確かめつつ、進んでいく。谷の側面にある土手に目を凝らす。アマミセミタケの発生するポイントだ。が、アマミセミタケの追加個体は見当たらない。さらに周囲に目を凝らす。

何かないか？

枯葉、枯葉、落枝、キノコ、枯葉、枯葉、枯葉、シダ……。

何かないか？

ふと、地面に落としていた視線が、谷の底部に生えている、木性シダのクロヘゴへと移った。クロヘゴは、僕の身長ほどの高さの木質の茎の頂上から、放射状に大きな葉を広げていた。葉の中には、すでに枯れて、茎のほうへとしなだれたものもあった。その枯れた葉柄で視線がとまる。

何かあった。

では、何だ？

葉柄の途中に、何か小さなものが突き出ている。色は黄色。菌類のようだ。キノコだろうか？

いや、ひょっとすると冬虫夏草かもしれない。

葉柄を手に取り、黄色の菌の塊と見えたものの根本の部分を割ってみる。枯れた葉柄は中空だった。その中空の葉柄の中から出てきたものは、どうやら虫だ。冬虫夏草であったのだ。あまりに小さく、その場ではなんという種類かわからなかったので、コケを敷き詰めたプラスチック容器に収納して持ち帰ることにする。

今度は、前回見つけ、そのまま林床の落ち葉の上においておいた未熟なハチタケをチェックしてみる。一週間前とほとんど変化がない。冬虫夏草は、時々、発生の適期を過ぎても成熟することなく、未熟な状態のまま成長を止めてしまうことがある。こうした状態のものを不稔個体と呼ぶが、僕の見つけたハチタケも不稔個体であるのかもしれない。

まだないか。

腰をかがめ、ハチタケを置いたあたりの林床を見て回る。

あった。ハチタケだ。

驚いたのは、一週間前に、かなり丁寧に見て回ったつもりだったのに、新たに未熟なハチタケが三本も見つかったこと。いずれもアシナガバチ類の成虫から発生したものだ。

このオキナワウラジロガシの「坪」は、広さにして三〇メートル四方ほどしかないだろう。片道三時間かけてやってきても、もしただ歩くだけなら、数分もかからず、歩き終わってしまうような広さしかない。それでも、それだけの広さの森の中だけで、こんなふうに、次々に冬虫夏草が見つかっていく。試しにこの「坪」のある谷の下流に、枝沢のように流れ込む谷でも冬虫夏草を探してみた。同じような環境に思えるのに、この谷では、一本も冬虫夏草が見つからない。本当にヤンバルの森の冬虫夏草の発生「坪」は局所的なのだ。

この日の探索の成果は以上だった。

家に戻って、この日、クロヘゴの葉柄の中から見つけた冬虫夏草を実体顕微鏡で拡大して、観察してみた。

ホストとなっているのは、体長八ミリほどのケムシだ。ホストの体は白い菌糸に覆われている。そして四本のストローマが伸びあがっている。ストローマの柄は白をベースにして、やや朱色がかっている。柄の先端にある頭部は棍棒状に膨らみ、鮮やかな黄色の子囊殻が散らばっている。一見、ウスキサナギタケに似ているが、ウスキサナギタケの柄は真っ白で、子囊殻は薄い黄色である。どうも種類が違うのではないかと思ったけれど、自分では確定ができなかった。そこで、冬虫夏草屋の中で生き字引的存在のタケダさんに送ってみてもらうことにする。冬虫夏草の鑑定を頼む場合、コケを敷き詰めた容器に冬虫夏草をパッキングし、クール便、またはチルド便で発送する。

しばらくして、僕の所に戻ってきた鑑定結果は、ウスキサナギタケではなさそうだし、他にも当てはまる冬虫夏草は見当たらないということだった。ただし、正確な判定は不能ということも付け加えられていた。冬虫夏草の同定には、ストローマや子囊殻の形のほか、子囊から放出される胞子の形態観察も欠かせない。が、今回僕が見つけた冬虫夏草は、子囊殻の中に胞子が作られていなかったのだそうだ。

ひょっとすると、まだ何か見つかるのではないだろうか。

そんな思いにとらわれる。

しかし、次の週末は、県外に出かける用事が入っていた。そのため、二週間後の週末に、アマミセミタケの「坪」に詣でる。

すでに六月も中旬を過ぎていた。天気は晴れ。梅雨は二日前に終わっていた。

梅雨が終わってしまったからには、湿気好きの筆頭たる冬虫夏草は、もう、見つからないだろうか？

何かないか?

一時間ほど森の中をさまよう。

落ち葉の中の、白いものが目に留まる。

小さな枝状の構造物に、たくさんの白い粉がついている。その根元を掘ると、塊がある。土を取り除くと、それがガのサナギであることがわかる。冬虫夏草のハナサナギタケだ。アマミセミタケの「坪」で見つかるのはこれが初めてだが、ハナサナギタケはごく普通種である。関東の雑木林周辺でも、一日に数十個ものハナサナギタケを見つけることができたりする。ヤンバルの森ではそこまで大量のハナサナギタケを見たことはないが、「坪」と呼べないような、ほかの冬虫夏草が見つからない森の中でも、ハナサナギタケが生えていることがあるので、やはりこの種類はそれほど珍しいものとは言えない。つまり、冬虫夏草の中でも、ハナサナギタケの要求する湿度条件は、それほどシビアなものではないようなのだ。このハナサナギタケは、姿が随分と異なっているが、ウスキサナギタケのアナモルフ(無性生殖をする姿)である。逆に言えば、ハナサナギタケのテレオモルフ(有性生殖をする姿)がウスキサナギタケということになる。

これまで見つけて、林床にそのまま置いておいた未熟なハチタケもチェックしてみたが、ほとんど姿を変えていなかった。やはり、どうやら梅雨明けとともに、ヤンバルの冬虫夏草の季節は終わりのようだ。

蒸し暑い林内から林道に出ると、風が心地よい。頬かむりを取り、長袖シャツも脱ぐ。照葉樹林ダイビングからの浮上……異世界から、この世へ帰還した思いがする。

雨の森

ヤンバルの森と同様に、梅雨が終わってしまうと、同じ琉球列島に属している奄美大島でも屋久島でも、冬虫夏草の発生ピークは終了する。そのため、ヤンバルの森だけでなく、あちこちの島の森も見てみたいと思うと、梅雨時期は、授業なぞ、やっている場合ではないということになる。しかし、そうもいかない。結局、限りある週末をどこの森に潜ることに費やすかを算段し、決してすべての森に潜る時間がないことを確認してため息をつく。

それでも、機会を作って、ヤンバル以外の照葉樹林の森にも潜ってみたい。そのことで、ヤンバルの森であらたに気が付くこともあると思うからだ。

「屋久島空港天候不良のため、着陸できない場合は、鹿児島空港または福岡空港に着陸する場合がございます……」

機内に非情なアナウンスが流れる。

何とか、屋久島に降りてほしい。祈るような気持ちで座席に縮こまる。

六月。梅雨時期の屋久島へ。

梅雨時期は照葉樹林ダイビングのベスト・シーズンだ。予定がたてこみ、ひとつひとつのフィールドワークの時間が限られてしまうので、強行軍とならざるを得ない。金曜日の最終便で那覇から鹿児島に渡り一泊、朝一便で鹿児島空港から屋久島にわたり、屋久島で一泊。翌日の昼の便で屋久島を発って、鹿児島を経由して那覇へ戻る……。しかも、日程はかなり前に決定しているし、飛行機のチケットも安売りチケットを手配するから、当日の天候を見て予定を変えるなんて、できないのだ。

九州最南端から南へ六〇キロ、屋久島は世界遺産の島（一九九三年に登録）として名高い。その屋久島で、もっとも有名な存在といったら縄文杉であろう。縄文杉は胸高周囲が約一六・四メートルもあり、樹齢には諸説があるが、いずれも数千年以上ということには異論はない。多くの人が、この縄文杉を見に島を訪れている。

屋久島は縄文杉が名高いのではあるが、島の海岸近くには、マングローブ林を構成するメヒルギや、特異な樹形のガジュマルやアコウなどの亜熱帯樹林で見られる木々の姿を見ることができる。屋久島の最高峰は標高一九三六メートルの宮之浦岳であり、海岸から標高をあげると、森の様子は徐々に変化してゆく。

縄文杉のある標高一三〇〇メートル付近は、本土で言えば温帯落葉広葉樹林であるブナ帯にあたるが、屋久島にはブナは分布していない。かわって齢を重ねたスギが立ち並ぶスギ樹林帯となっている。そこからさらに高度をあげて山頂近くまで登れば、スギはまばらになり、かわってヤクシマダケ草原帯が広がっている。

屋久島の標高一〇〇〇メートル以下では、シイ・カシ類を主体とした照葉樹林帯が広がっているのだ。こんなふうに、屋久島には高山もある。僕は大学生時代から屋久島に何度も出かけたけれど、最初のうち、目的は山登りだった。それがいつのまにか、照葉樹林詣でに変化する。

屋久島までは、天気が良ければ、鹿児島空港からはわずかに二五分ほどのフライトなのだが、この日は活発化した梅雨前線のせいで、悪天候の中のフライトとなった。ストン……と、何度か、飛行機

アコウ
屋久島の低地林

がエアポケットに落ち込む。乗客は僕のほかに三名だけ。万一、この飛行機が落ちても、これではあまり大きなニュースにはならないな……なんていう不謹慎な考えが頭をよぎる。が、幸い、小さな飛行機は屋久島空港に到着した。ロビーには迎えに来た屋久島在住の友人、ヤマシタさんの笑顔が見える。

冒頭にも登場したヤマシタさんは、日々、屋久島の森の写真を撮り続けている写真家だ。僕にとって、屋久島の森歩きは、ヤマシタさん抜きには考えられない。

ヤマシタさんがどのような人物かを物語る、一つのエピソードがある。ヤマシタさんの家で、見せてもらった小さなノートがそれだ。「一九八七年」と書かれたそのノートには、次のような記述が細かい字でびっしりと書き込まれていた。

「二三日。ビスケット六、アメ五、米一・五合、メザシ八

二四日。コーヒー一、ビスケット六、アメ一、米一・五合、メザシ八」

ヤマシタさんの山行ノートだ。若いころのヤマシタさんは、まだ東京に住んでいて、撮影のために屋久島に通っていた。そのころのヤマシタさんは、できるだけ長く山にこもって撮影するため、荷物としてもっていく食糧を切り詰めていたことがノートの記述から読み取れる。同じノートには、そうして食糧を切り詰めた結果、一二月二二日から一月二一日まで、一か月間、屋久島の冬山にこもった記録も記されていた。

「食糧さえあれば、一年でも二年でも山の中にいれそうな気がしていたよ。洗濯？　しませんよ。沢で水洗いしても、山の中だと湿度が高いから、洗濯ものなんか、乾かないよね。山にこもっていると、一か月なんてあっという間。二五歳から三五歳までの一〇年間は、三年でも四年でも山にいたいとい

う時期だったなぁ。山にいると、楽しくて、楽しくて、しょうがない。熱にうかされているように……」

ヤマシタさんは、ノートに見入る僕に、そう昔語ってくれた。

ヤマシタさんは、海になぞらえればダイバーどころか、半魚人なみ……だ。つまり、半ば、森に棲みついている。ヤマシタさんも妖怪なのだ。普段は物静かだが、森を歩き回って飽くことがない、「妖怪森男」。

降りしきる雨の中、空港から僕らが向かったのは、車で三〇分ほど走った先の、照葉樹林帯に属する森だった。荒れた砂利道を、ヤマシタさんの四輪駆動の軽バンがよじ登っていく。林道の一角で車が止まる。雨はいっこうにやむ気配がなかったが、ヤマシタさんはまったく意に介すふうもなく、車から降りると、再びニコニコとした笑顔を見せて、「じゃ、行こうか」と言った。せっかく屋久島まで飛行機に乗ってやってきたわけだもの。妖怪森男がさそっているわけだもの。「この雨の中を……」という言葉は飲み込まざるを得ない。

雨の森。

林道から、道なき森の歩に足を進める。

一段とその雨が強くなり始めた。雨しぶきが森の中に白く立ち込める。樹幹からは、ザァザァと音をたて、白い飛沫をあげて水が流れるほど。頭上では、ガラガラと雷の音。ただでさえ常緑樹の森の中は暗いというのに、まだ昼前であるのに、森の中はもう夕暮れ時のようだ。

森を歩いている途中から、なんだかおかしさがこみ上げてきた。

自分のやっていることを、照葉樹林ダイビングなどと名付けてみたものの、こんな激しい雨の中の

妖怪 森男
屋久島の山中に現れると言
ひ伝えられる妖怪。
雨の日の晩光る茸を捜し
その前にて待てば現れると
も言ふ。また冬の最中雪深
し山頂にて見た者もいると
言ふ。
酒は好まず一説には西洋より
伝わりし玉菜(きゃべっじ也)
をよく好む。

森歩きなんて、実際に水中に潜っているかのようだ。こんな体験をしてしまうと、もう「湿気がひどい」だの「汗でぐしょぬれになる」だのといったレベルは、どうでもいい話に思えてくる（後で聞いたら、大雨洪水警報が出ていた）。

それに、こんな状態でも、よくよく探せば、ちゃんと冬虫夏草を探すことはできるのである。

「あったよー」

あいかわらず陽気なヤマシタさんの声が聞こえてくる。

夕暮れ時を思わすような森の中でも、懐中電灯を手にすれば、問題はない。それまで、懐中電灯を照らすのは夜道を歩くときだというイメージがどこかにあった。しかし、たとえ昼だとしても、懐中電灯を使ってはいけないという取り決めなんてあるわけがない。照葉樹林ダイビングの装備品として、懐中電灯は必須である。

ヤマシタさんの声のするほうに近寄ってみると、古い炭焼き窯の跡があった。その窯跡に、倒木が横倒しになっている。ヤマシタさんの懐中電灯の灯は、その倒木の表面を照らしていた。灯の真ん中には、白い棒状のキノコが見える。倒木を食べて暮らす、エサキクチキゴキブリをホストとする、ヒュウガゴキブリタケと呼ばれる冬虫夏草だ。今のところ、宮崎と屋久島の照葉樹林の中でしか見つかっていない種類だ。ちなみに、僕が宮崎に行くとお世話になるクロギさんは、このヒュウガゴキブリタケの最初の発見者の一人である。

ヒュウガゴキブリタケのほかに、未熟なカメムシタケや、これも未熟なコメツキムシタケといった冬虫夏草を、次々とヤマシタさんは雨の森の中から見つけ出した。いずれも、ヤンバルの森の中では、まだ見つかっていない種類だ。

「また、あったよー」

ヤマシタさんの声がする。

ええっ？　また？　まだ、探すの？

ついつい、弱音を吐きたくなる。ずぶ濡れだし、おなかも減ってきたしと。

ヤマシタさんは、森の中にいることが一番好きな人である。だから、なかなか「帰ろう」なんて言わないのだ。

気がつけば、雨の森の中で、三時間が過ぎていた。

梅雨の度に、僕は屋久島の森へ向かった。その屋久島の雨の森で、知らず知らず、僕の妖怪度は、少しずつ、鍛えられていった。

5章　つながりの森

菌生冬虫夏草

二月初旬。曇天の日が続き、北風が吹く。

沖縄といえども、一番、寒くなる時期だ。

ヤンバルの森に潜りたくなり、北へ向かう。三時間かけて、最深部にあるアマミセミタケの「坪」のある森へ。

冬虫夏草のベスト・シーズンは梅雨期。むろん、二月は、それからすると、だいぶ、時期外れだ。

それでも、何か見つからないかと思ったのだ。

山道を外れ、森に沈み込み、森の底に目を凝らす。最寒期とはいえ、ヤンバルの森は夏と同様、緑の葉に覆われている。

何かないか？

エダウチホコリタケモドキがちらほら出ているのが目に留まる。寄生植物のヤッコソウが実を結んでいるのも目に入る。

久しぶりの湿気だまりの森へのダイビングなので、何を見てもうれしい。

ひょいと倒木を持ち上げたら、木の表面に小さなカタツムリがくっついているのが目に入った。クニガミゴマガイという、名のとおり、ゴマ粒サイズのカタツムリだ。カタツムリやナメクジといった生き物たちにとっても、湿気だまりはパラダイスだろう。別の倒木の下をめくると、ウロコケマイマイが見つかった。また別の倒木の木の下からは、ベッコウマイマイが出てくる。しばらくカタツムリ探しをして遊ぶ。

と、一本の倒木を持ち上げて、ドキンとする。

倒木の下の地面から、白っぽい柄をもち、萌木色の丸い頭部のある小さなキノコが生えているのが目に留まった。

これは、冬虫夏草ではないのか。

実は、冬虫夏草の中にも、冬場に発生するものが知られている。そのことは頭の隅にありはしたが、まさか本当に見つかるとは思ってもいなかった。

それでも、冬虫夏草探しの七つ道具は用意してある。ピンセットを取り出し、キノコの根本を崩すと、丸いものが露わになった。やはり、冬虫夏草だ。

丸いホストは一〇ミリほど。そこから二七ミリのキノコが伸びている。頭部は球状で直径は四ミリだ。拡大して見ると、子嚢殻の粒々が見える。

見つかった冬虫夏草は、菌生冬虫夏草の仲間だ。

冬虫夏草というのは、虫にとり付くキノコであると説明をした。しかし中には、ツチダンゴという地下生のキノコにとり付く冬虫夏草の仲間もある。このツチダンゴにとり付く冬虫夏草を菌生冬虫夏草と呼んでいる。地下生のキノコというのは、一生、地下暮らしをするキノコのことだ。地下生菌と言えば、ヨーロッパで高級食材とされるトリュフが名高い。

冬虫夏草は、虫にキノコがくっついている。つまりは、言い方によってはグロテスクである。しかし、逆に言えば、そんな姿をしていることこそが、冬虫夏草の魅力でもある。

ところが、菌生冬虫夏草というのは、まん丸いキノコにくっついているだけ。見た目はグロテスクでもなんでもない。だから僕には菌生冬虫夏草にはあまり魅かれるものを感じたことがなかった。また、種類がいくつかあるものの、外見上はよく似たものが多く、識別は顕微鏡による胞子の観察が必須となる点もやっかいだ。

それでも、菌生冬虫夏草が沖縄島で見つかったのは、おそらくこれが初めての記録となる。この日、合計三個体の菌生冬虫夏草が見つかった。その姿から、日本各地で見つかっているミヤマタンポタケという種類であろうと見当をつけたが、のちに冬虫夏草の生き字引的存在であるタケダさんに送って見てもらったところ、はたして「ミヤマタンポタケに間違いない」という同定結果が戻された。

ミヤマタンポタケは、菌生冬虫夏草の中でも小型種である。より大型のタンポタケやハナヤスリタケといった菌生冬虫夏草が、同じ琉球列島に位置する奄美大島から見つかっている。そこで、もっと探してみれば、ヤンバルの森からも、これらの菌生冬虫夏草が見つかるのではないか……と僕には思えた。

実際、ヤンバルの森にもタンポタケは生えていた。そして、その発見は、思わぬ形でもたらされることになった。

冬虫夏草プリンス

アマミセミタケの「坪」でミヤマタンポタケを見つけた翌年の二月。僕は再度、坪を訪れた。

ザワザワザワ。

頭上を葉の波音が繰り返す。

クロヘゴやヒリュウシダら、森底に茂るシダの重なり合う葉の隙間から、はるか頭上にある林冠をうかがう。僕の視線とは逆方向に、林冠の隙間を通り過ぎた太陽光は、ちらちらと揺れる木漏れ日となり、森底を照らす。

やや赤みがかった鱗片は、タブの冬芽を包んでいたもの。柔らかなその鱗片が、林床に降り積もっている。その中には、緑色のタブのつぼみさえ混じっている。昨年末に母木にいとまを告げたオキナワウラジロガシのドングリたちは、そろりと地面の中に根を伸ばし始めている。沖縄の最寒期であるはずのこの季節にはまた、すでに来るべく春の準備も始められている。

昨年、ミヤマタンポタケがその下に生えていた倒木は、めくった後に、そのままの場所に戻してお

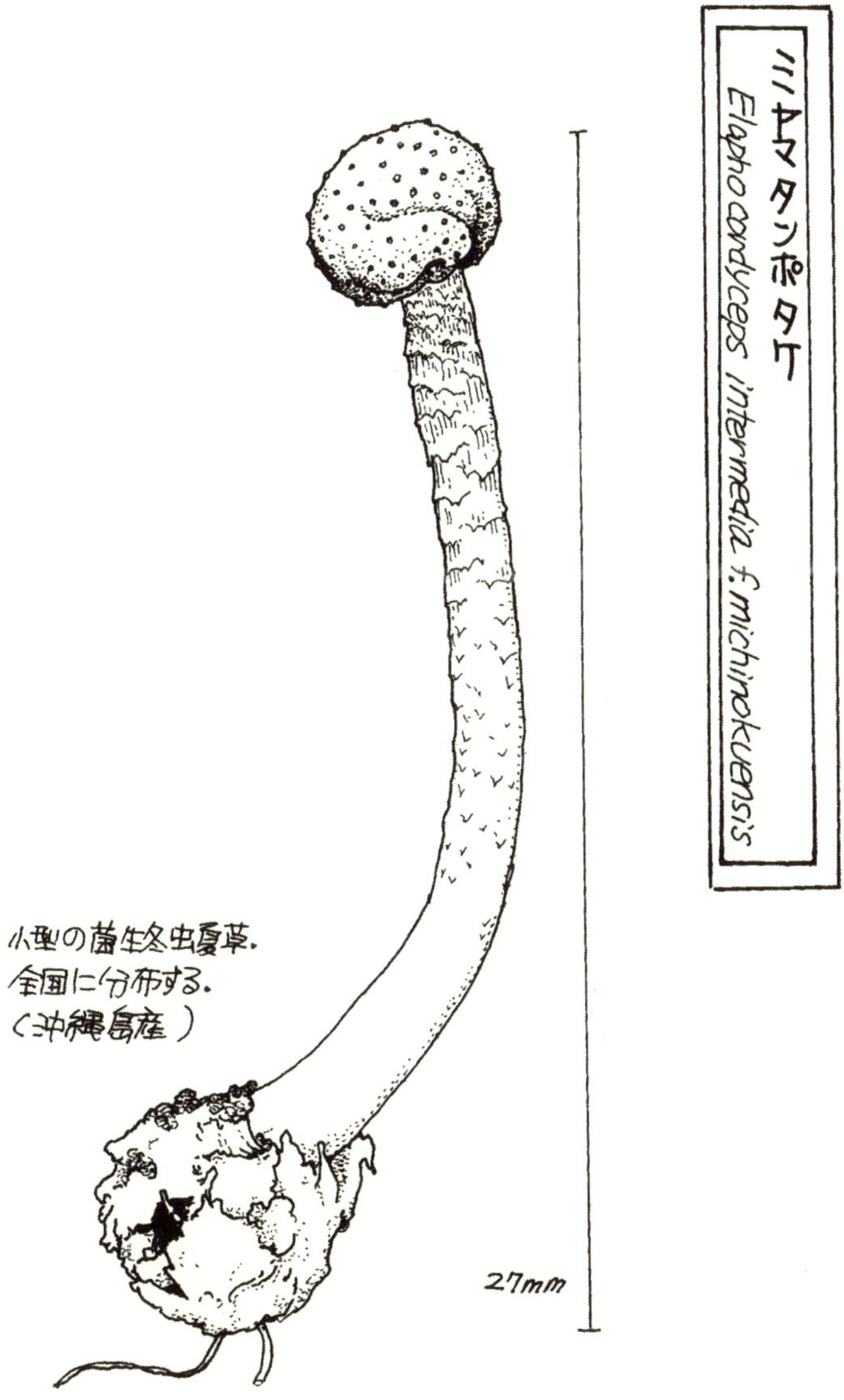
ミヤマタンポタケ
Elaphocordyceps intermedia f. michinokuensis
小型の菌生冬虫夏草.
全国に分布する.
(沖縄島産)
27mm

いた。その倒木をそっとめくる。

倒木の下には、はたして小さなキノコの姿があった。ミヤマタンポタケだ。ひざまずいて探していくと、近くの倒木の下にも二本、ミヤマタンポタケが生えているのを確認できた。それにしても、こうした倒木の下にばかり生えるのはなぜだろう。

小さなキノコが、去年と同じように生えているのを見つけられたことが、無性にうれしい。

菌生冬虫夏草のホストのツチダンゴは、菌根菌と呼ばれる、樹木と共生関係にある菌の仲間だ。つまり、決まった場所に棲みついている菌であるともいえる。すなわち、このツチダンゴに寄生する菌生冬虫夏草は、一回、見つけることができると、翌年もまた同じ場所で見つかる可能性が高いことになる。

一年後にミヤマタンポタケを再度見つけることができたのは、そうした必然があるからだが、その必然に辿り着けたことが、ヤンバルの森の営みに、僕が少しだけ近づくことができるようになった証に思える。

それからさらに一か月後の三月中旬。

那覇の僕の家に一人の客人が訪れた。菌類を研究している大学生のコーヘイ君である。

人には、何ものかに「憑りつかれる」瞬間というものがある。

僕が生き物を追いかけるようになったのは、小学二、三年生のころ、たまたま父親に連れて行ってもらった海岸で、貝殻を拾い集めるようになったのがきっかけだった。それまでも貝殻を見たことはあったのかもしれないが、僕はこの日、海岸には「いろいろな貝殻」が落ちているのに初めて気づいた。

そして、その日以来、憑りつかれるようにして、僕は貝殻を拾いに、海岸に通うようになった。コーヘイ君は少年時代、冬虫夏草に憑りつかれた。それは、小学校二年生のときだったそうだ。

「小学校の図書館で、虫の図鑑か何かだ思うんですけど、そこにアリタケの写真が出ていて、それを見て、なぜか気づいたら冬虫夏草を探していたんです」

そう、話をしてくれた。

「冬虫夏草を探すなら、誰か、知っている人についていくのが早いって、相談に行ったキノコの先生に言われたんですけど、ひたすら自分で探しました。最初に見つけたのが、オオゼミタケ。図鑑を見てから半年後の小学校三年生のときです。図鑑に出てきたアリタケを見つけたのは、その年の六月ですね。オオゼミタケを見つけてから、立て続けに見えるようになって、オオゼミタケを見つけた翌日には、菌生冬虫夏草のヌメリタンポタケを見つけていました」

すごい話だと思う。冬虫夏草は、貝殻なんかと違って、容易に見つかるものではないからだ。コーヘイ君は、筋金入りの冬虫夏草屋である。「妖怪冬虫夏草プリンス」とでも呼ぼうか。

京都出身のコーヘイ君と最初に出会ったのは、僕が沖縄に移住したばかりのころ、彼はまだ小学校の五年生だった。

その日、僕は京都の科学読み物研究会に呼ばれ、講演をしたあと、京都御所での観察会に参加した。その観察会にやってきたのがコーヘイ君だった。

「この前、新種と思う冬虫夏草を見つけて……」

小学校五年生のコーヘイ君は、こんなことを言って、僕をのけぞらせた。その当時ですら、冬虫夏草に関する知識や経験は、僕を凌駕していただろう。

「そのときは、もう冬虫夏草を七〇〜八〇種ほど見つけていました。今は一五〇種くらいですが……。小学生のあいだは、ほぼ、土日は全部、冬虫夏草探しに行っていました」

大学生になった今、コーヘイ君に当時のことを聞くと、こんなふうに述懐する。が、こんな神童に、どう接していいか、僕はその当時、わからなかった。その後、年賀状のやり取りはあったものの、コーヘイ君と会話を交わせるようになったのは、彼が大学生になってからである。その年になれば、もう僕は「彼にはかなわない」という感情を、素直に表明することができるようになったから……。

朝、コーヘイ君とヤンバルの森へむかう。むろん、車中ではずっと、冬虫夏草をはじめとしたキノコの話題だ。

出発して三時間。アマミセミタケの坪へ。

「ちょっと、道具を……」

森につくと、コーヘイ君は背にしたザックの中からミニ熊手を取り出した。コーヘイ君は、冬虫夏草だけでなく、菌生冬虫夏草がとりつく相手である地下生菌にも興味がある。熊手は、森底の落ち葉を掻いて、地中に埋もれる地下生菌を見つけるための道具なのだ。

ガサゴソ。

落ち葉を掻く音が、林冠を渡る風音に混じる。

妖怪 冬虫夏草ぷりんす
森の中より落葉を掃く音せり時はこの妖怪
のしわざなり。古来 冬虫夏草と呼ばるる
薬草有り。深山幽谷に生じ見つけ難きものせ。
この妖怪 冬虫夏草を好みよく探すと言ふ。
本草家 冬虫夏草を得んと欲すればまず
この妖怪の出没せし噂の場所を
訪ずる。

三月の森底

林床には、木漏れ日が明滅する。

シイの花の甘いニオイが、森の底まで下りてくる。

地下生菌にも興味があるというコーヘイ君に見せたかったのは、もちろん菌生冬虫夏草のミヤマタンポタケだ。

「ミヤマタンポタケのホスト、腐植層が厚いところを好むみたいですね」

ミヤマタンポタケの発生していた倒木を持ち上げてみたが、ミヤマタンポタケの姿はすでになかった。コーヘイ君は、熊手で倒木の下の落ち葉を掻きわけながら、そう言った。

菌生冬虫夏草のホストとなる地下生菌にも種類がある。タンポタケならツチダンゴ、ハナヤスリタケならアミメツチダンゴ、そしてミヤマタンポタケなら、コロモツチダンゴと。（奄美大島でコーヘイ君が見つけたミヤマタンポタケのホストは、正体がすぐにわからない、黒いツチダンゴであったそうだが）。

「長野や北海道とかでは、生きているコナラの木の周りで普通にミヤマタンポタケが見られますが、沖縄は倒木の下とかじゃないと、腐植がたまっていないのかもしれませんね。本土だと地面がフカフカしているものですけど……」

コーヘイ君が言うように、ヤンバルの森は、落葉層が薄く、落ち葉を掻きわけると、すぐに土壌が姿を現す。それだけ落ち葉の分解が早いのだ。

残念なことに、コーヘイ君の探索にもかかわらず、ヤンバルのミヤマタンポタケのホストとなるツチダンゴは地面の中から姿を現さなかった。

ミヤマタンポタケや、そのホスト探しに見切りをつけ、周囲を探す。

「ハチタケがありましたよ」

コーヘイ君の声にそばに寄ってみると、落ち葉の間から、ごくごく細い柄が伸びている。小型のヒメバチ類から発生した、未熟な糸状のストローマだ。こんなものが目にとまるのだから、さすが妖怪冬虫夏草プリンスである。この「坪」でハチタケの熟したものを見たのは梅雨時期だったのだが、もう三月からストローマは伸び出していることも初めて知った。

「これはひょっとすると……」

コーヘイ君のあらたな声がする。

木の根元に隠れるように、黄土色をした棒状のものが突き出ている。言われてみれば、確かに冬虫夏草を思わせる質感をしているのだが、未熟なこんな姿のものを、よく冬虫夏草と判別ができるものだ。その形状からして、アマミセミタケの未熟なものと思われた。僕の方は、せいぜいエダウチホコリタケモドキを見つけるのにとどまった。ただ、このキノコも、コーヘイ君に、「アナモルフはアオカビの仲間です」と教わってびっくり。アオカビと言えば、パンにつくようなイメージしかなかったのだが、この仲間にはちゃんとテレオモルフを形作るものもあって、それがレッドデータブックにも載るようなキノコであったなんて。

さて、コーヘイ君は、アマミセミタケ掘りに取り掛かった。

これが一時間半、かかる。非常に丁寧に掘り進むことに、また、感心。

「あー、切れちゃいました」

ところが、コーヘイ君ですら、こういうことがある。

糸状に細くなって、地中深く伸びる柄。ヤンバルの粘土質の土。たまたま木の根の間から発生していた個体であるという条件。

こんな理由から、ギロチンという結果に。

冬虫夏草屋にとってあこがれの冬虫夏草に、本土の山地帯で発生するエゾハルゼミタケという種類がある。発生地が限られていることや、地中深く柄が伸び、掘り取りに難儀することが、「あこがれ」を産む要因である。

「掘っているかんじだと、エゾハルゼミタケに近い感じがありましたが、エゾハルゼミタケより手ごわいです。エゾハルゼミタケとの違いも体感しました」

妖怪冬虫夏草プリンスがのたまう。

冬虫夏草屋は、掘ってこそ、その冬虫夏草との間に、関係性を見出しうるものなのだ。

タンポタケの発見

アマミセミタケをギロチンしてしまったところで、場所を変えることにした。

少し前、林床で丸いキノコを見つけたポイントへ行ってみる。

このキノコを見つけた時、ひょっとして、地下生菌の一種かと思い、見つけたキノコを、コーヘイ君に送ってみた。

「これはチチショウロの仲間です。ただ、本土のチチショウロとは種が違います。チチショウロの仲間は、切ると乳液が出ますが、それはこのキノコが、チチタケの仲間が地面に潜ったものだからです……」

しばらくして、こんな返事が戻ってきた。これを読んで、地下生菌に関しては何も知らないことに気が付いた。

一生、地中で暮らす、まん丸い形をしたキノコを地下生菌という。その地下生菌にはさまざまな種類があるが、種類によって、地下に潜る前の出自がいろいろあるということなのだ。ごく普通の傘型の形をしたキノコの中に、傷をつけると乳液を出すチチタケという種類のキノコがある。チチショウロは、このチチタケの仲間が地中に潜ったものなのだそう。

これまでの分類学は形態の比較が主な観点だった。たとえば、まん丸い形をしたキノコは互いに似た仲間だ――といったぐあいである。しかし、近年は、形態の観察に加えて、遺伝子の解析データで生き物同士の類縁関係を比較できるようになった。すると、見た目では似たようなものが、実は縁が遠いことがわかったり、その逆に、見た目は随分と異なっているのに、近縁であることがわかったりしたという例が見つかるようになった。

地下生菌としてひとくくりにされるキノコも同様である。遺伝子を調べることで、姿形が似たキノコであっても、必ずしも近縁なわけではないことが、わかってきたのだ。

宮崎のクロギさんのところを訪れた際に、海岸の松林で見つけた、昔から日本では食用とする地下生菌ショウロは、同じ傘型のキノコの仲間でも、傘の裏側がスポンジ状の、イグチの仲間が地中に潜ったものであるということがわかっている。

また、チチショウロとショウロは、菌類の中でも担子菌類に属しているが、ヨーロッパで食用とされる地下生菌のトリュフや冬虫夏草のホストとなる地下生菌のツチダンゴは、子嚢菌類に属している。さらにトリュフは子嚢菌類の中ではチャワンタケの仲間に近いけれど、ツチダンゴはまた別のグループであることもわかってきた（付け加えると、地下生菌だけに限る話ではないが、近年になって、従来使われてきた分類体系は、いろいろな生き物のグループにおいて、大きく変化しつつある）。

チチショウロの見つかった森のポイントへ。

残念ながら、林床を探してみるが、チチショウロの姿は見つからなかった。

そこで、もう一度、場所を移すことにする。このチチショウロが見つかったポイントからほど近いところに、かつて偶然、一度だけ冬虫夏草を見つけたことのある森がある。その時見つけたのは、セミの幼虫から発生するウメムラセミタケという種類だった。

ウメムラセミタケは冬虫夏草としてはなかなか立派な姿をしているので、ぜひ再び採集したいと思って、ことあるごとにこのポイントに潜って、冬虫夏草が見つからないかと探してみた。けれど、その探索は、いずれも徒労に終わっていた。それでもまだ、何かが見つかるのではないかという期待は捨てきれなかった。それに、冬虫夏草の追加こそ見つからなかったものの、コウボウフデという、や

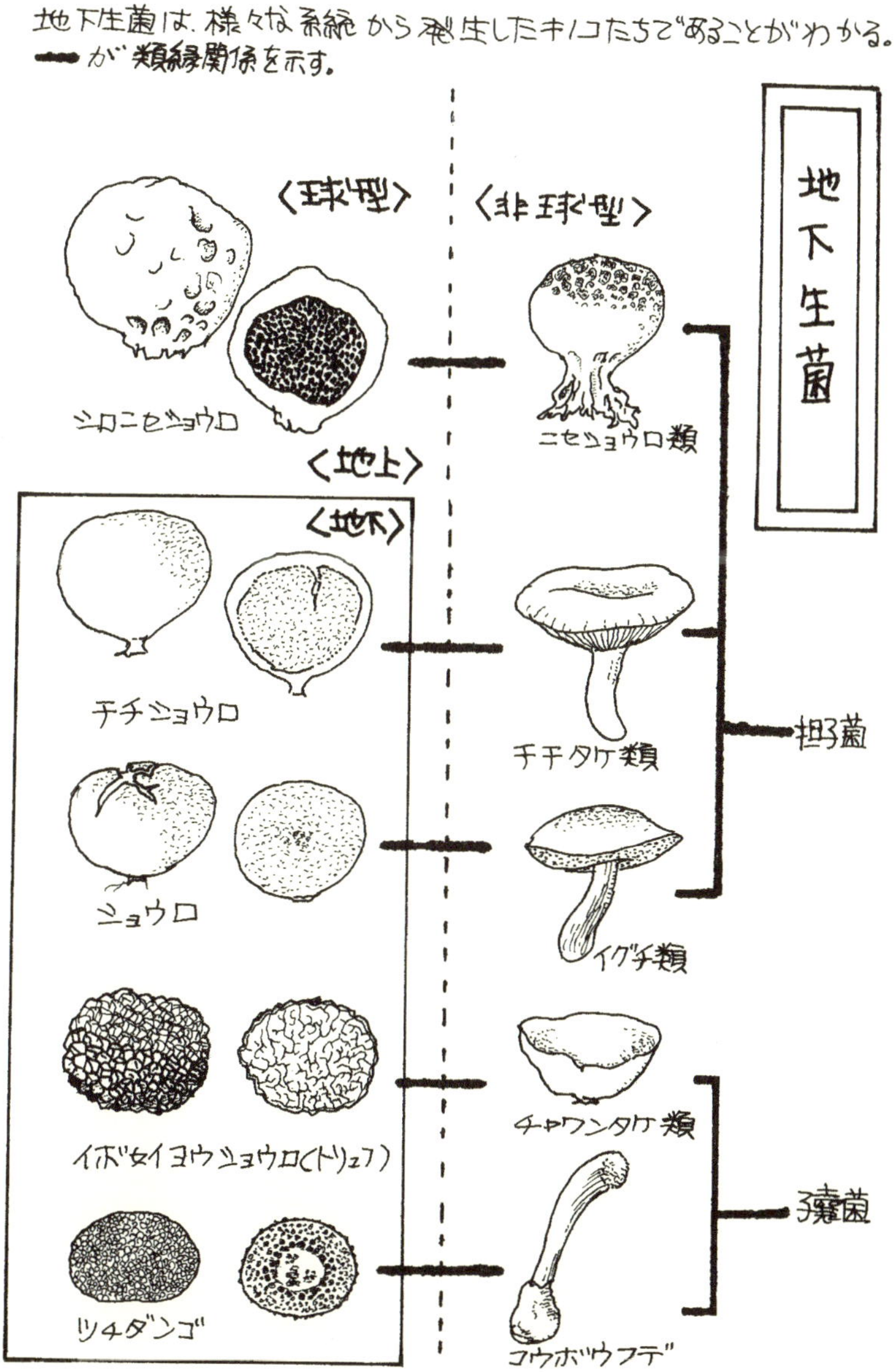

地下生菌は、様々な系統から発生したキノコたちであることがわかる。
━━が類縁関係を示す。
地下生菌
〈球型〉
〈非球型〉
シロニセショウロ
ニセショウロ類
〈地上〉
〈地下〉
チチショウロ
チチタケ類
担子菌
ショウロ
イグチ類
イボセイヨウショウロ(トリュフ)
チャワンタケ類
子嚢菌
ツチダンゴ
コウボウフデ

や珍しいキノコを見つけたのも、ヤンバルではそこだけだった。

コウボウフデは、それまで担子菌類と思われていたものが、近年になって実は子嚢菌類のツチダンゴに近い仲間だということが分かった、分類学的にもおもしろいキノコである。加えて、一本だけだったが、その場所には、オキナワウラジロガシの木も生えている。

「よさそうです」

ウメムラセミタケの見つかった森を見て、コーヘイ君がうなずく。この森も、アマミセミタケの坪同様、涸れ沢である。沢の両脇の斜面には、シイの木を主体とした森となっている。コーヘイ君は、さっそく、そのシイの根元をガサゴソと熊手で掻き始めた。

しばらくして、ありましたよ……という声。

コーヘイ君のところに近寄って見ると、落ち葉が掻き分けられた地表に、直径五ミリほどの、薄紅色をした球形のキノコが見えた。

「ウスベニタマタケです。これは京都には多いキノコです。まだ、ちゃんとした学名がないんですよ。これはツチダンゴとは違って、担子菌類の仲間で、新しい菌類の分類では、イグチに近いキノコが地中に潜ったものと言われています」

いろいろなキノコの仲間が、地中に潜ると、形が丸くなるのは、収れん現象の一種だ。

感心している僕をよそに、コーヘイ君は、また新たな場所の落ち葉を掻き始めた。

「大変なものを見つけたかも！」

森の底で、再びコーヘイ君が僕を呼ぶ声が響いた。

コーヘイ君のもとへ駆け寄ると、足元には、やはり掻き分けられた落ち葉と、むき出しになった表土があった。その土の上に、黒いものが突っ立っている。そのてっぺんは、丸いものがくっついている。最初はなんだかわからなかった。コーヘイ君に言われて、ようやくその正体に気づく。

菌生冬虫夏草の一種、タンポタケであったのだ。タンポタケは、ミヤマタンポタケよりも、ずっと大型で、冬虫夏草の仲間としては、極めて大きなストローマを持つ種類である。そんな大型のストローマを持っているのにもかかわらず、すぐにそれとわからなかったのは、萎れて色も黒ずんでしまっていたからだ。萎れてしまっているのは、発生期が過ぎてしまっているからのよう。

「あっ、ここにもあります」

コーヘイ君の指さす方を見ると、まだ茎がしなだれておらず、色も黒ずんでいないタンポタケが見つかった。さっそく林床にひざまずく。あるある。合計で一〇本ほどのタンポタケが見つかった。

「これは、ヒット……。いや、ホームランかな」

妖怪冬虫夏草プリンスもうれしそうだ。

夕日の迫る中、掘り取りにかかる。残念ながら、やはり老成しているものばかりで、ちょっと触っただけで、ホストからストローマがポロリと取れてしまう。

それでも、この森にタンポタケが生えているという事実がわかったことが、僕にとっては、何より大きな発見だった。

この森は、やはりヤンバルの照葉樹林のダイビング・ポイントの一つだったのだ。

また、潜りに来なくては。

タンポタケの「坪」

時計を見ると、針は午後三時を指していた。まだ、間に合うかもしれない……と、那覇を車で出発することにした。

コーヘイ君の見つけたタンポタケは、すでに老成しているものだった。そこで翌年の春、時期を早めてまだ生きのいいタンポタケを発見しようと思う。満を持して、翌年の三月早々に、森に潜る。ところが、タンポタケらしき姿はさっぱりだった。ミヤマタンポタケ同様、タンポタケも毎年、決まった「坪」に発生すると思ったのだが、見当違いだったのだろうか。しかし、時期が早すぎたということも考えられる。そこで、三月中旬を迎えていたこの日、あらためて森に潜ってみることにしたのである。

ヤンバルの林道の、いつもの停車場に車を止めると、時刻は五時になっていた。曇り空であったこともあって、この時刻ではすでに、森の中は、やや薄暗くなり始めていた。目指す、タンポタケの生えていたポイントまで、足早に急ぐ。

フォサッ、フォサッ、フォサッ……。

羽音がするかと思いきや、黄土色の胴体と黒い翼を持った生き物が、頭上、数メートルの高さを、僕の背後から追い越して行った。夜行性のオオコウモリの、エサ場への出勤タイムが始まった。こんな小さな出来事に、沖縄の森らしさを感じて、楽しくなる。タンポタケの生えていたポイントにつくと、時計は五時半を回っていた。

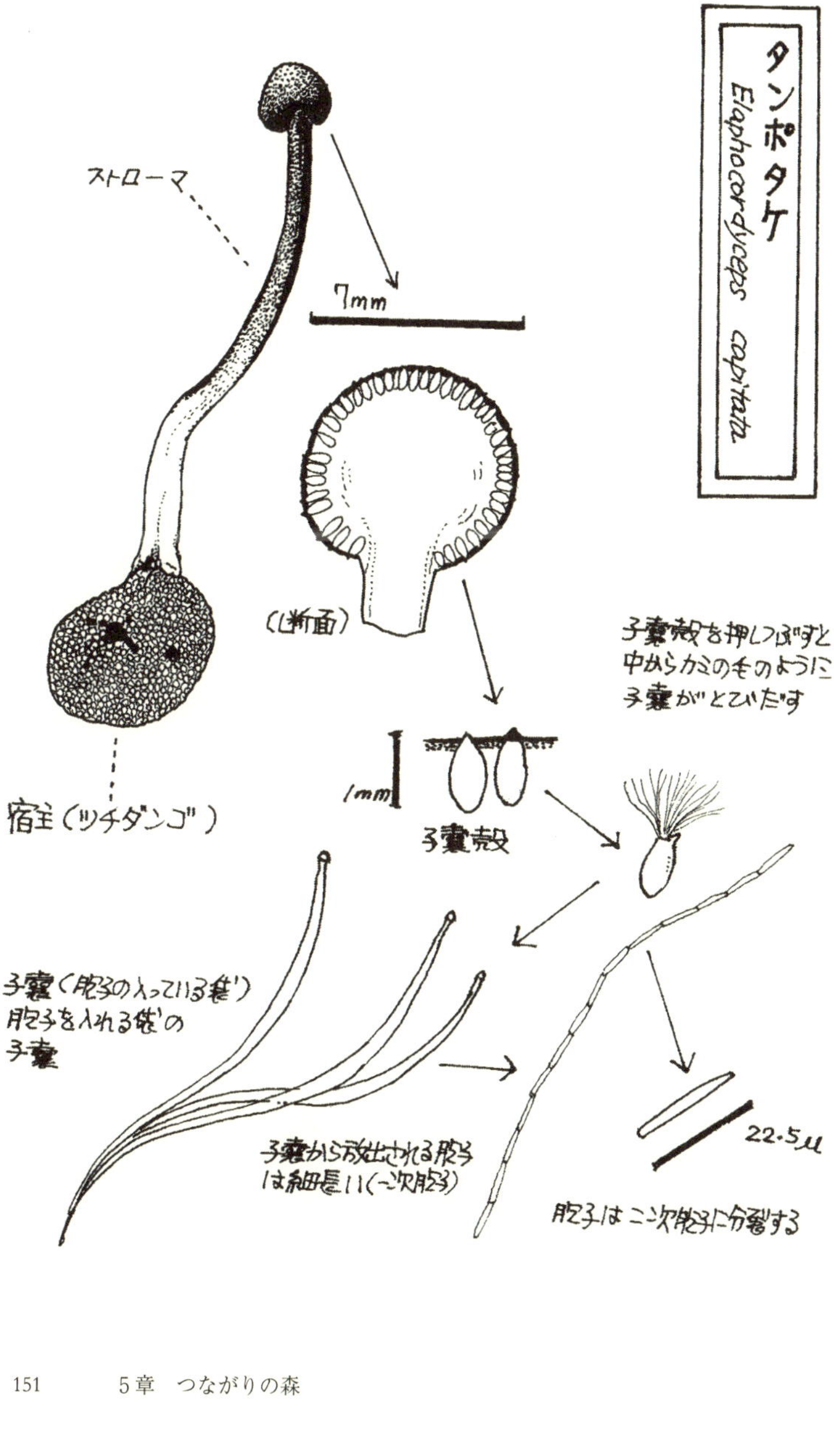
タンポタケ
Elaphocordyceps capitata
ストローマ
7mm
(断面)
宿主(ツチダンゴ)
子嚢殻を押しつぶすと
中からカミの毛のように
子嚢がとびだす
1mm
子嚢殻
子嚢(胞子の入っている袋)
胞子を入れる袋の
子嚢
子嚢から放出される胞子
は細長い(一次胞子)
22.5μ
胞子は二次胞子に分裂する

夕方になっても、大丈夫。照葉樹林はもともと「暗い」森だから。懐中電灯は照葉樹林ダイビングの必需品、いつだってベルト・ポーチの中にしまわれている。

懐中電灯を照らして、森の底に潜り込む。

タンポタケは地下生菌のツチダンゴに寄生する。ツチダンゴは菌根菌で、樹木と共生関係にある。そこで、シイの根本を灯で照らして回れば、タンポタケが見つかるだろうと目算を立てる。

一本目のシイの周りは、何もなし。

今回も空振りか？

そうそうに、「あきらめ」が芽生え始める。いやいや、そんなことはないはずだ。その「あきらめ」の芽を摘み取って、さらに木の周りを、懐中電灯で照らしまわる。

「そいつ」は、ひょい……と、目に入ってきた。

濡れたような光沢のある、丸い頭部。黄色実を帯びた柄。タンポタケの新鮮な個体だ。さっそく、掘り取りにも挑戦する。タンポタケのホストは、それほど地下深くには入っていない。そこで、セミタケを掘る時とは別の掘り方を採用することにした。まず、タンポタケの周囲の土に、グルリと剪定ばさみを刺し入れて草木の根を切る。つづけて、シャベルを使って、タンポタケを周囲の土ごと掘り上げる——という方法である。このあと、タンポタケの根本についている土をほぐしていき、ホストを露わにしてくのだ。

きれいに掘り出すことができた。ホストであるツチダンゴから、ストローマを一本、伸ばしているものだけでなく、中には四本ものストローマを伸ばしているものもあった。数え上げてみると、シイの周囲に、少なくとも七個体のタンポタケが発生していた。やはり、タンポタケは毎年、決まったポイントに発生することが確認できた。と同時に、この場所が、タンポタケの「坪」であることもはっきりした。

六時。タンポタケの坪から、山道に戻る。雲の切れ間から、赤い夕陽が望める。鳥の声もひそみ、沢の水音だけが聞こえる、静かな春の森の夕暮れ。

ムベにハクウンボクにシマイズセンリョウ。照葉樹林の春の花々も咲き誇る。

アオッ……と一声、まるで人が発したかのようなカエルの声。ヤンバルに固有のホルストガエルの声だ。闇の中、一人で森を歩いているときに、不意にこの声がすると、ぎょっとしてしまう。

このまま那覇に戻るのがおしい気がしてきた。夜を待つ間、少しだけ、林道脇に停車した車の中で仮眠をとることにした。

目覚めると、陽はとっぷりとくれていた。

キョキョキョキョキョキョ……。

突如、ヤンバルクイナのけたたましい声が森に響く。

「沖縄っぽいな」とまたしても、思う。

セミタケ類と菌生冬虫夏草の関係性

ミヤマタンポタケに続いて、タンポタケがヤンバルの森で見つかったことから、にわかに菌生冬虫夏草が身近なものとして思えるようになる。そこで、菌生冬虫夏草について、文献にもあたってみることにする。

タンポタケは、「沖縄っぽい」森……で見つかったのではあるが、ハチタケ同様、日本の中では北は北海道から、南は琉球列島の島々まで、その発生が確認されている冬虫夏草だ。また、国外でもアメリカやヨーロッパからも発生が知られている。

たまたま見つけたイギリスの古い雑誌にタンポタケの採集に関する記事が出ていた(一九一五年の『ザ・ナチュラリスト』誌)。そこには、「タンポタケは大変、稀な種である」と書かれている。また、その形態については、「冬虫夏草の仲間では大型で、新鮮なものの頭部は栗色で、柄は黒みがかった黄色である……」といったような内容が書かれていて、その記述は、ヤンバルの森で見つけたタンポタケとまさに一致していた。記事にはタンポタケの白黒写真も添えられていて、そこには、芝草と一緒にタンポタケのストローマが写されているので、びっくり。記事を読むと、タンポタケが見つかったのは、イギリス・ノース・ヨークシャー州のスカボローにある、森と境界を接する牧草地であったそう。イギリス北部の牧草地と琉球列島の照葉樹林で同じ冬虫夏草が見つかるのだから、不思議だ。

日本におけるツチダンゴや菌生冬虫夏草の初期の研究者に今井三子《さんし》(注・男性)がいる。今井は南方熊楠とも交流のあった菌類学者だ(例えば、今井が熊楠宅を訪れる際、標本になっているオチンチンにそっくりなキノコの同定を頼みたいと熊楠が今井宛に書いた手紙が、今も残されている）。その今井の論文を読むと、菌生冬虫夏草の発見史の一端を見て取れる。

一九二一（大正一〇）年頃までは、菌生冬虫夏草は、世界中でもタンポタケと、ハナヤスリタケの二種しか見つかっていなかったと書かれている。ちなみに、タンポタケのストローマは茎のてっぺんに球状の頭部がつくという形状（この形状が、〝たんぽ〟――綿などを丸めて布で包んだもので、やりの先端につけて練習をするときなどに使うもの――に似ているということ）をしているが、ハナヤスリタケのほうは、先端がやや尖った、ツクシのような形をしている（この形状が、ハナヤスリというシダの胞子をつける器官に似ていることから、その名がある）。

その後、日本産の標本をもとに、アメリカのロイドがタンポタケモドキという新たな種類を記載し、続いて昭和四（一九二九）年に今井がエゾハナヤスリタケ、昭和九（一九三四）年に同じく今井がエゾタンポタケを報告して五種が知られるようになった……。今井の書いた論文を読むと、日本は菌生冬虫夏草の発見史に、大きな足跡が残る土地なのだということがわかる。

近年、生き物の分類は、遺伝子による解析により、大きく変更されつつある。冬虫夏草についても同様である。これまで冬虫夏草（テレオモルフ）は、大きく、コルジセプス属と、トルビエラ属に分類されてきた。ところが、遺伝子の解析により、こうした従来の分類は随分と変更が必要であることがわかってきた。

スンらが二〇〇七年に発表した論文は五五頁にもわたる大著で、従来、コルジセプス属に含まれていた冬虫夏草の一部を、メタコルジセプス属、オフィオコルジセプス属、エラフォコルジセプス属の新しい属に分離するという結果を発表した。これに従えば、例えば、元祖冬虫夏草であるシネンシストウチュウカソウは、その学名が *Cordyceps sinensis* から、*Ophiocordyceps sinensis* へと改称されることになる。ハチタケやセミタケ、エゾハルゼミタケ、カメムシタケもオフィオコルジセプス属の一員とされる。一方、従来通りのコルジセプス属のままに置かれている種類もあり、これらはサナギタケや、ウスキサナギタケなどといった種類がそれにあたる。

興味深いのが、遺伝子解析によってわかった、菌生冬虫夏草の分類学上の位置だ。菌生冬虫夏草は、キノコに寄生することに注目すると、昆虫やクモをホストとする冬虫夏草とは異なったグループなのではないかと思ってしまう。けれどもほかの冬虫夏草との関連性が遺伝子の解析によって見えてきた。興味深いのは、菌生冬虫夏草と、セミタケ類との類縁関係である。

セミの幼虫から発生するセミタケ類は、冬虫夏草の中の花形的存在と言っていい。このセミタケ類の中でも、もっとも古くに発見されたのはその名もセミタケという種類である。セミタケは一七六三年に西インド諸島から初めて発見された（その後、セミタケは日本にも生育することがわかる）。続いて、世界で二番目に見つかったセミタケ類は日本産のものだった。それがウメムラセミタケである。

ウメムラセミタケは、一九一八年に日本で採集された標本が先にも登場したアメリカのロイドの元に送られ、学界にその存在を知られるようになったのである。ただしこのとき、菌生冬虫夏草のハナヤスリタケがセミの幼虫に発生した珍しい例として、誤って報告されてしまった。ハナヤスリタケとは別の新たに知られる冬虫夏草として、正式にウメムラセミタケと名づけられたのは後年のことになる。こうした履歴のあるウメムラセミタケ（発見者、梅村甚太郎にちなむ）なのだが、奇しくも、遺伝子解析によって、菌生冬虫夏草と近縁であることがわかった——のだ。遺伝子解析の結果、なんとウメムラセミタケは、同じようにセミの幼虫に寄生するセミタケよりも、菌生冬虫夏草との方が、より近縁であるという結果となったのである。

ウメムラセミタケと菌生冬虫夏草の関係について報告している研究論文では、ホストジャンピングという用語で、両者の近縁性のわけを説明している。セミの幼虫は地下に棲み、木の根から汁を吸って、生活をしている。一方で、ツチダンゴも地下に生え、木の根と共生関係を結んでいる。セミとキノコでは、一見、何の関係性もなさそうに見えてしまうものの、こうしてその暮らしぶりを見ると、似通ったもの同士であることがわかる。こうした生態系における位置（ニッチという）の「近さ」から、セミの幼虫に寄生していた冬虫夏草の仲間が、ツチダンゴへホストジャンピング（宿主転換）を起こしたのだと考えられている。

こうした研究結果を踏まえ、新たな分類では、ウメムラセミタケは、タンポタケやハナヤスリタケらの菌生冬虫夏草と一緒に、エラフォコルジセプス属に分類されているのである。

霧雨の森

ヤンバルへ。

街暮らしが続くと、僕の中の妖怪の部分がうずきだす。そして、どうにも森の中へ潜りたくなってくる。

ふと、思う。

僕が照葉樹林という、気軽に入り込むには「暗く」「怖く」「不快な」森の中に、何度も潜り込むようになったのは、日常の中の「人間的」な部分における疲労が大きくなった反動ではないかと。大学教員になってみると、学生とのやり取りには問題はなかった（むしろ楽しい）。が、会議をはじめとする教員同士のやりとりで、僕は疲労困憊してしまった。そんな疲労をぬぐうために、僕は「強烈な自然」との関わりを求めた。僕の中の人間的な部分と妖怪的な部分のバランスを保つために。

最初は夜の林道に車を停めて寝るのも、どこか怖く、ダムサイトに車を停めていたりしたのだけれど、そのうち街灯のない林道に車を停めて寝るのが平気になった。

仕事を終えて、ヤンバルに向かう。ヤンバルの林道についたのは一一時過ぎだ。

森は霧雨で煙っていた。

傘をさしつつ、懐中電灯の灯を頼りに、林道から山道に入り込み歩いていく。

これは、コバンモチ、これはタブ。照葉樹林を構成する木々の名前を確かめながら、葉の裏を懐中電灯で照らし、覗き込んでいく。

特異な形をしたガの幼虫が見つかる。ナナフシの仲間も、しばしば目につく。微細な冬虫夏草が葉裏についているのを見つけることもある。

どこまでも歩いて行けそうな、そんなかんじがした。

その「かんじ」が、森に誘い込まれているようで、少し怖い。

一二時前という時間で一区切りをつけ、来た道を引き返す。

林道に出ると、雲をすかして、月の光がとどくのか、こんな天気の夜でも意外に明るかった。夜の森には闇がある。しかし、夜の森は鍾乳洞の中にあったような、どこもかしこも完全な闇に包まれているわけではない。さまざまな闇がそこにある。霧雨の降る月夜の晩の闇をつまみに、コンビニで買い求めたカップ入りの泡盛の蓋をあけ、車中、一人飲む。

さて、明日の天気はどうだろう。

そんなことを思いながら眠りについた。

梅雨の森

朝。五月中旬。沖縄は梅雨の最中だ。ただ、この日は梅雨とはいっても涼しかった。林道に置いた車から降り立つと、いつものように、Tシャツの上から長袖を羽織る。腰には七つ道具の入ったベルト・ポーチ。足元は長靴。手には杖。

タンポタケの「坪」へ。

涼しさのせいか、森の中ではブユがあまり気にならなかった。ブユは歓迎すべき存在ではないけれど、梅雨時期の森の中でブユがいないというのも、何だか変な感じで落ち着かない。

森の底に沈むことに意識を集中する。

森の中にも深度のようなものがある。立って歩いているのと、しゃがみ込むのでは見える世界が異なっている。鳥を見るなら、森の中に立って、さらに、視線は樹冠を見上げる形になる。海の中で言えば、水深の浅いところに浮きながら、表層を泳ぐ魚に焦点を合わせるという感じだろう。一般のキノコや虫を探す場合は、森の中を普通に歩き回りながら探すということになる。ダイビングで言えば、適当なウエイトを腰につけ、泳ぎまわりながら海藻や岩場周辺の魚やカニを見て回るといった塩梅だろうか。

冬虫夏草を探す場合はどうだろう。しゃがみ込み、できるだけ林床ぎりぎりに目の焦点を合わせる必要がある。冬虫夏草探しに夢中になると、林床に四つん這いになってしまうことがしばしばある。ダイビングで言うと、決して浮かび上がることのできないくらいの重さのウエイトを腰につけ、海底を這いまわるようにして移動する状態になる。この深度調整がうまくいっていないと、冬虫夏草が生えていても、視界の中にとらえきれない。

しゃがみ込み、目に入るものを、ひとつひとつ、識別していく。

森の底でのにらめっこ。

ああ、虫のフンだ。大きなイモムシのフンだ。なんだろう？　森の底から、頭上を覆う林冠をふり仰ぐ。こずえをわずかに揺らす風の音ばかりが聞こえるだけ。

再び、林床に目を転じる。

あれは何だ？

落ち葉の中から伸びる、白く細い、菌糸の塊に目が留まった。これは普通のキノコの菌糸の塊ではない気がする。そっと根元をさぐってみる。すると、根元には、葉の小片がついていた。葉の小片は二つ折りにされているようだ。それを開くと、中には小さな虫が入っているのが見えた。未熟なようだが、冬虫夏草だ。一センチほどの小さな虫の体から、五センチほどのごくごく細いストローマが伸びている。

細く、小さな冬虫夏草を見つけたことで、森の底に焦点があっていることを自覚する。しかし、さらに森の奥底へ潜ることを意識してみる。

落ち葉の重なりに目を凝らす。林床に生えているシダの葉裏もめくってみる。林床に生えているのは葉の厚い、キノボリシダ。このさほど背の高くないシダの葉裏には、時として冬虫夏草が着生するからだ。奄美大島の森のキノボリシダの葉裏には、アリに寄生した冬虫夏草が着生していた。ヤンバルのアマミセミタケの坪でも、ハエヤドリタケが着生していたのを見つけたことがある。

何かないか?

あった。

南方熊楠が好きだった変形菌の仲間がついているシイの落ち葉。

何かないか。

あった。

見つけたものは、シタキドクガの幼虫のヌケガラ。つまりは樹上のケムシが脱皮した際に、地上に落とした頭の殻だ。シタキドクガの幼虫の頭の殻は、ごくうすい、白味を帯びた緑色をしている。頭の殻の基部に、長く伸びた毛の房がついているのがおしゃれだ。

何かないか？

あった。

落ち葉を小さく切ってつづった、おそらくヒゲナガガという、小さなガの仲間の幼虫が作ったケースだ。ケースというのは、ミノムシのミノのように、幼虫が作って身にまとう巣のようなものである。見つけたケースは独特の形をしている。そんなケースが、一度目に留まると、あちこちに転がっているのに気付く。

こうしたものが、次々に目に入ってくる。先に見つけた冬虫夏草の一種も、さらに二本、追加することができた。森の中では気付かなかったのだが、そのうち一本には、子嚢殻もついていた。

ふうっ。森から出て、山道に降り立って、一息を入れる。集中と緊張がほぐれる。疲れを覚える。しかし、街を出る時に比べ、心は随分と軽くなっている。代わりに充実感で満たされる。

また、潜りたいと、もう思う。

あらたな菌生冬虫夏草

一週間後。時間がとれたので、再び、梅雨時期のタンポタケの坪へ。

この日は、ヤンバルへ向かう途中から、雨がぽつぽつと降り始めた。森の入り口についたときは、完全に森全体がガスに包まれていた。しかし、屋久島の森での経験がある。いくら暗い森でも懐中電

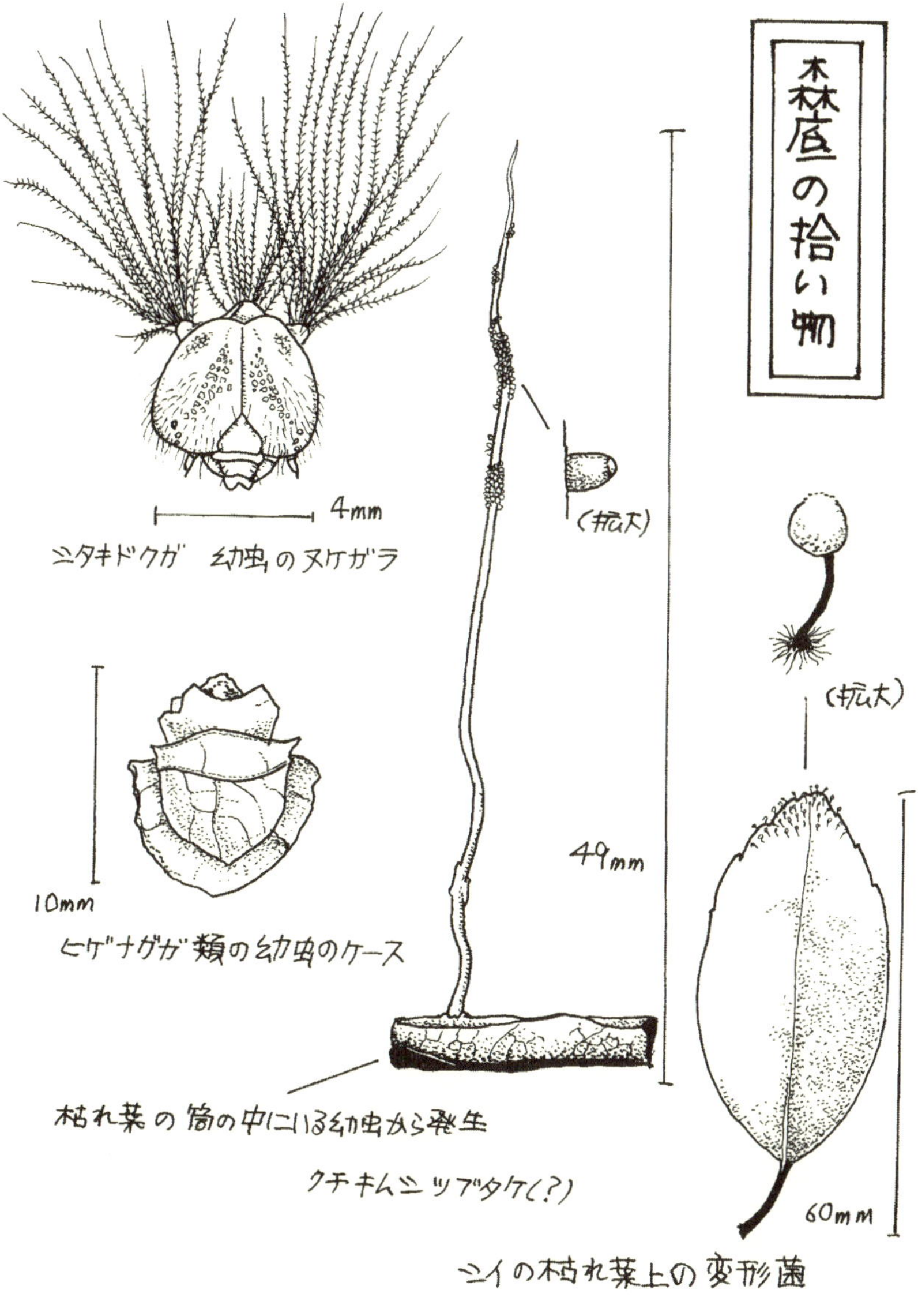
森底の拾い物
4mm
ミタキドクガ 幼虫のヌケガラ
(拡大)
49mm
10mm
ヒゲナガガ類の幼虫のケース
枯れ葉の筒の中にいる幼虫から発生
クチキムシツブタケ(?)
(拡大)
60mm
シイの枯れ葉上の変形菌

灯を持っているから大丈夫。どうせ照葉樹林の中は不快なのだから、雨が多少降ろうが関係がない。傘だって、持っているし……。

ガスに煙る森へ。

懐中電灯の光を頼りに森に潜る。

雨に濡れた落ち葉が、懐中電灯の光に照らされて光る。

あれは何か？

違う。これは、ただの菌糸。

あれは何か？

違う。これは、植物の芽生え。

一人、心の中でつぶやきつつ、森の底で、じりじりと歩を進める。

楽しいなぁと、心の底から思う。

何かないか？

あった。

白く、細長い、「普通の菌糸ではないもの」。前回見つけた、葉の小片中に潜む小さな幼虫から発生した冬虫夏草だ。未熟。前回見つけたものを冬虫夏草鑑定士のタケダさんに送って見てもらったところ、種名ははっきりと確定できないが、クチキムシツブタケという種類ではないかと返信にあった。その近くでもう一本同じものを見つけるが、これも子嚢殻のない未熟個体だ。

まだ何かないか？

何もない。せいぜい、コモリグモの仲間が歩き回っているのが目に入る程度。加えてクチキムシツブタケ(?)の未熟個体がさらに一本。

もう少し、斜面の上部まで探してみよう。

そんなふうに思った時、「それ」が目に入った。目に入った瞬間、「それ」が冬虫夏草であることはすぐにわかった。地中に埋まったホストから伸びた柄が地表に突き出ている。柄は褐色がかる。柄の先端には粒々は見られず、代わりに白っぽい粉が噴き出ているように見える。テレオモルフではなく、アナモルフのようだ。しかし、よく見るアナモルフの冬虫夏草であるハナサナギタケの場合は、柄が黄色味を帯びる。ハナサナギタケではないとしたら、何だろう? やはりガのサナギをホストとするアナモルフの冬虫夏草、コナサナギタケだろうか? コナサナギタケも、本土では普通種ではあるけれど、ヤンバル産のものはきちんと確認した記憶がない。ホストを掘り上げてみることにしようか。

ピンセットを使って、柄の根元を掘っていく。

あれ?

柄の根元が思ったよりも深く地中に伸びているので、驚く。コナサナギタケとは雰囲気が違う。そうなると、セミの幼虫に発生する、アナモルフの冬虫夏草、ツクツクボウシタケだろうか?

さらに、掘る。

ホストが露わになったのを見て、本当にびっくりしてしまった。ホストは、ツチダンゴであったのだ。タンポタケ以外の菌生冬虫夏草!?

周囲を見渡す。

あった。さらに、見つけた個体は、ストローマの柄の先端部表面に、直接、子嚢殻の粒々がついていた。裸生——と呼ばれる子嚢殻の付き方をするタイプの冬虫夏草だ。

ピンセットを使って、慎重に掘る。

ホストであるツチダンゴから、細長いストローマが伸びている。ストローマの根元はやや、黄色実を帯びている。ストローマの上部は、やや扁平で、その部分に、子嚢殻の粒々が密生している。子嚢殻の色は黄色にやや茶色を混ぜたような色合いだ。

さらに、同じものが、もう一本、見つかる。

森の底で、一人、大興奮をしてしまう。うれしい！

しかし、前回、梅雨であるのにもかかわらず、さわやかな気候であったために、油断をしていた。前回とはうって変って、カヤブユの猛攻を受けたのだ。基本的な装備はしてきたつもりだったのだが、虫たちの猛攻の前には、装備不足であった。頬かむりをしても、手ぬぐいの隙間から攻撃を受ける。たちまち、顔が変形していくのがわかる。耳たぶは、たちまち消しゴムのような厚さと硬さに変身した。瞼も腫れ、目がふさがってきてしまった。帰りの運転を考えると、これ以上、顔面が腫れるのは危険である。まだ何か見つかるかもしれないという未練は残ったが、森底へのダイビングを終了し、森の外へ、浮上することにした。

山道を伝って、林道へ出て、車の中に入って、一息。バックミラーに映る、自分の顔に思わず引く。それでも、鼻歌まででてしまうほど、気分は高揚していた。

あらたな課題

それから一年。

また、梅雨の季節がやってきた。この年は、梅雨入りが早かったのにもかかわらず、五月に入ると好天が続くようになった。風も爽やかで、涼しいと思うような日もあった。一般生活を送る分には快適なのだが、照葉樹林ダイバーとしては、冬虫夏草が発生してくれるかどうかが、不安である。

その年の春、タンポタケの「坪」に潜ると、三年連続で、森にはタンポタケの姿があった。僕の中で、タンポタケと会うことが、ヤンバルの春の恒例行事となりつつあった。森にはタンポタケの姿があった。では、梅雨時期になれば、再び、前年見つけたのと同じ菌生冬虫夏草に会えるのだろうか？　それが、この年の、僕のあらたな課題であった。

前年、梅雨時期に見つけた菌生冬虫夏草は、その形から、奄美大島で初めて見つかったことからその名がある、アマミツチダンゴツブタケであろうと思われた。念のため、タケダさんに送って、胞子などの細かな特徴を見てもらったところ、やはりアマミツチダンゴツブタケだろうという返信が来た。この冬虫夏草は、当初、奄美大島で発見された種類だが、その後、北海道や、福島からも見つかった。さらにそれらの産地に、沖縄島が加わったということである。

菌生冬虫夏草は、もともとセミ幼虫寄生であった冬虫夏草がホストジャンピングをしてツチダンゴにとりつくようになったものと考えられている。アマミツチダンゴツブタケが興味深いのは、アマミツチダンゴツブタケとストローマの形態がよく似たセミタケの仲間があることだ。アマミツチダンゴツブタケは、タンポタケとは随分と姿が違った冬虫夏草で、ストローマの表面に、子嚢殻の粒々が、裸のまま密生する。これによく似たストローマを持つ、ツブノセミタケという冬虫夏草がある。

ツブノセミタケはまだ、ヤンバルの森では見つけられていない。奄美大島在住の冬虫夏草屋の話では、奄美でも二度ほどしか見つかっていないということだった。一方、屋久島ではツブノセミタケは、そう珍しい種類ではない。ただ、照葉樹林というよりは、どちらかといえば、スギ樹林帯でより多く見られるもののように思う。日本全体では、北海道から琉球列島まで、広く分布がみられる種類である。

ツブノセミタケは、地域によっては、かなり高密度で発生がみられるような普通種だ。一方、アマミツチダンゴツブタケは、発生地や発生例が限られる「珍種」である。この二種は、ストローマだけでなく、子嚢や胞子もよく似ていて、ホストの違い以外、区別点が明らかでないほどだと、タケダさんは冬虫夏草の会の会誌で報告している。

いったい、両者はどういう関係にあるのだろう。そのことを探る手立てが得られるのではないか？

そう思って、僕は梅雨時期が巡ってくるのが待ち遠しかったのだ。

謎の菌生冬虫夏草

森の底へ。

晴天続きで心配をしていたのだが、林床は案外、湿っていたのでホッとする。ちらほらと小型のキ

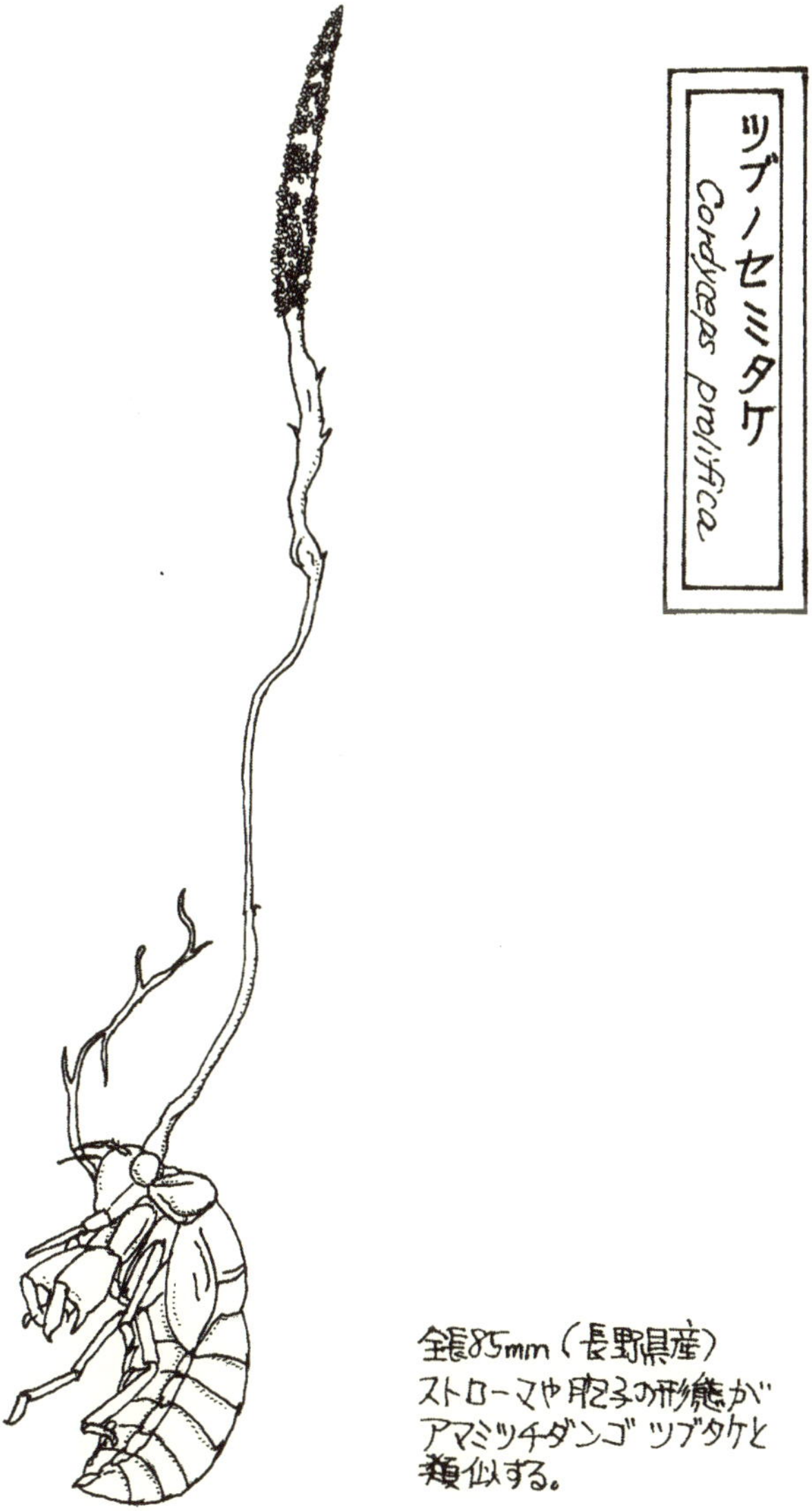
ツブノセミタケ
Cordyceps prolifica
全長85mm（長野県産）
ストローマや胞子の形態が
アマミツチダンゴツブタケと
類似する。

ノコの姿も見える。

頭上をざわざわと、葉をゆらし、風が通り過ぎてゆく。

何かないか?

探し始めて、すぐ、おやっ……と思うものに行き当たった。

林床に、ツクシ状の黒っぽい、小さな「もの」が突き出ている。

これは、菌生冬虫夏草のハナヤスリタケだろうか? ヤンバルではハナヤスリタケを見たことがなかったので、うれしくなる。が、他の地域で見る限り、ハナヤスリタケは、タンポタケと同時期に発生することの多い冬虫夏草だ。ハナヤスリタケなら、春に出ているはずなのだけれど……。

ピンセットを使って、身長に根元を掘っていく。やがて、根元の地下に、丸い塊があるのが見えた。ツチダンゴである。菌生冬虫夏草だ。ところが、掘りあげてみて、「?」と首をかしげてしまった。ハナヤスリタケとは、地下部の様子が異なっていたからだ。ハナヤスリタケは、地下部がごく細い柄となって、ツチダンゴに接続している。また、その細い柄は、茶色を帯びる。ところが僕がこの日見つけた菌生冬虫夏草は、根元まで太い柄のままで、さらに色も白かったのだ。

ツクシ状のストローマ頭部を見ると、白っぽいものが頭部についている。どうやら子嚢殻から胞子を放出しているようだ。その胞子を顕微鏡で見れば、ツチダンゴかどうかがはっきりしそうだ。

この日は、同じ菌生冬虫夏草が、ほかに三本見つかった。

家に戻って、菌生冬虫夏草の胞子を顕微鏡で観察してみることにした。僕と冬虫夏草の付き合いはもう三〇年近くになるけれど、これまで顕微鏡による胞子の観察には手を出してこなかった。本当は菌類の観察には顕微鏡は欠かせない。しかし、そこまで手を伸ばすことに、ためらいがあった。ところが、菌生冬虫夏草は、ストローマが互いに似ているものが多く、種名を確定するには、胞子を観察してみないと、どうにもならない。あまり上等な顕微鏡を持っていないのだけれど、胞子の大きさぐらいなら、計測ができそうだと、やってみることにした。

冬虫夏草の胞子観察は、胞子を自然に放出するような成熟した個体が手元にあるのなら、そう難しいことではない。胞子を放出している冬虫夏草をそのままか、大きなものならストローマの一部を切り出したものを、スライドグラスに載せて、胞子をスライドグラスで受け止める。この後、本格的に検鏡をするなら、グリセリンを一滴落とし、カバーガラスをかけ、さらに透明なマニキュア液などでカバーガラスを固定する。ただ、ざっと見るだけなら、カバーガラスもかけず、スライドグラスをそのまま検鏡することもできる。

冬虫夏草の胞子は、一般に、細長い形をしている。そのため、成熟した冬虫夏草のストローマ頭部にある子嚢殻からは、細かな繊維状の胞子が放出されるのが、ルーペをつかっても見て取ることができる。この細長い胞子は、種類にもよるが、放出されたのち、いくつかの断片に分かれる場合がある。このようなとき、前者の細長い胞子を一次胞子、後者の分断されたものを二次胞子という。それぞれの胞子の大きさや、二次胞子に分断されるかどうかといった特徴が、種によって異なっていて、種類を確定するときの需要な情報となっているわけである。

この日見つけた菌生冬虫夏草の胞子は二次胞子に分断された。その二次胞子の大きさを、顕微鏡で観察しながら計ってみると、一二・五ミクロンほどであった。

たまたま、本土産のタンポタケとハナヤスリタケを採集する機会があって、その胞子の大きさも計測してあった。タンポタケの場合、二次胞子は二・五ミクロンであり、ハナヤスリタケの二次胞子は二・五ミクロンほどだった。こうして比べてみると、同じ菌生冬虫夏草でも、二次胞子の大きさにはずいぶんと違いがあることがわかる。そして、僕がヤンバルのタンポタケの坪で見つけた菌生冬虫夏草は、その二次胞子の大きさから、ハナヤスリタケではないことがはっきりとわかった。

冬虫夏草の図鑑を開いてみると、頭部がツクシ型で、ストローマの柄の根元が太いままツチダンゴに接続しているものに、タンポタケモドキという種類があった。図鑑の記述によれば、二次胞子の大きさは、一〇〜二五ミクロンとある。僕の観察した胞子のサイズも、この記述の範囲内になる。となると、タンポタケモドキだろうか？

正確な種名は、タケダさんに送って見てもらうことにした。

返信には次のようにあった。

「図鑑や冬虫夏草の会誌に発表された国内産の種には、該当する種は見つからない」

ええっ？　そうなのか？

タケダさんによれば、タンポタケモドキとも特徴に違いがあるという。

そして、この年の梅雨時期、探しに探したが、ついに前年見つけた、アマミツチダンゴツブタケは、さっぱり姿を見なかった。いったい、なぜ？

タンポタケの坪は、ごくごく狭い、森の一角。一五メートル四方ぐらいしか、広さはないのではないだろうか。

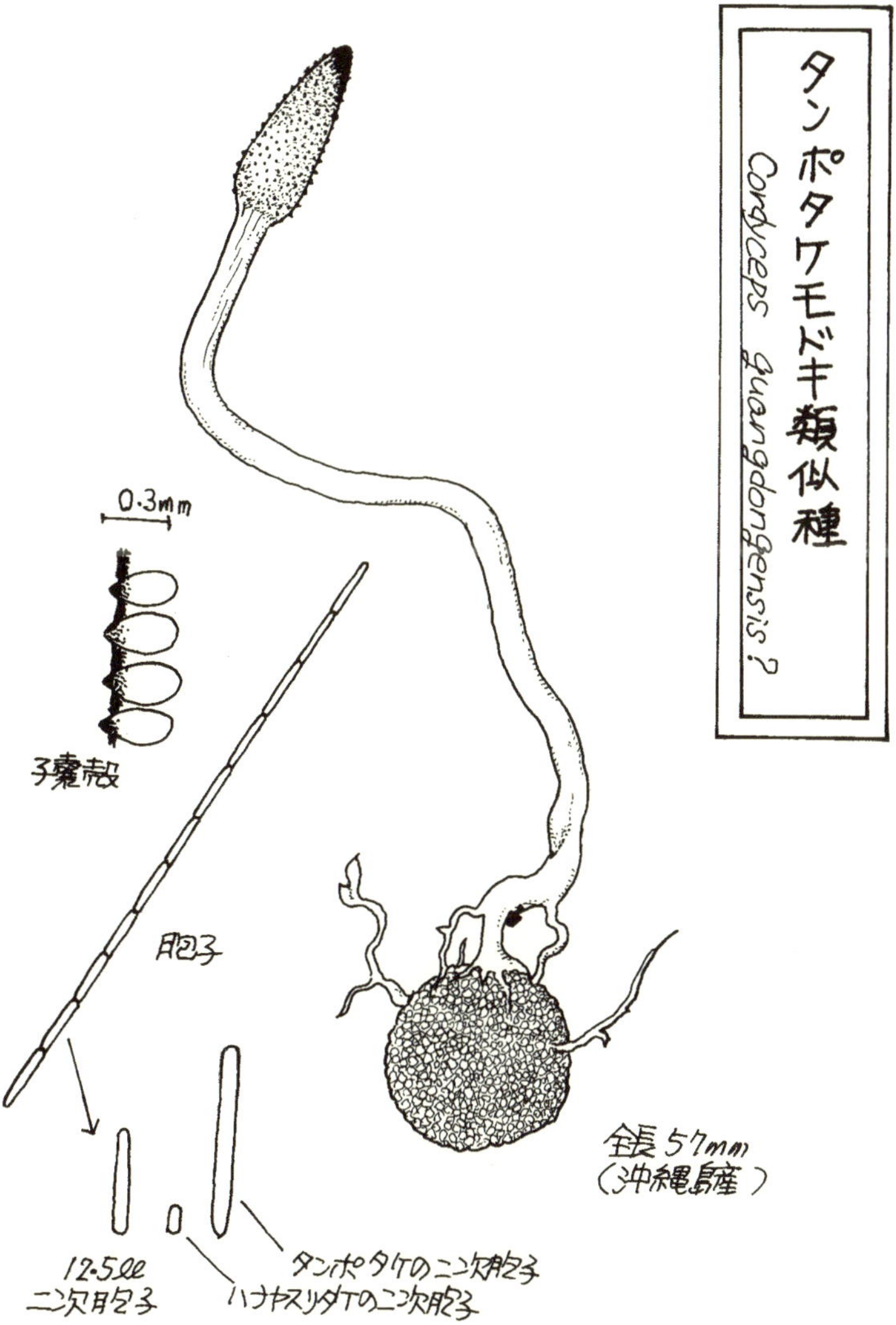
タンポタケモドキ類似種
Cordyceps guangdongensis?
0.3mm
子嚢殻
胞子
全長57mm
(沖縄島産)
12.5μ
二次胞子
タンポタケの二次胞子
ハナヤスリタケの二次胞子

それでも、ダイビングを重ねれば重ねるほど、思いもかけない謎たちが、僕の前に、次々に姿を現すのだった。

重複寄生

ヤンバルの森へダイビングに出かける。ふと、車を止めた広場の脇で、足元に丸いキノコが生えているのが目にとまった。表面は白。少し、でこぼこもあって、外見はなんだかゴルフボールのようだ。切断して中を見ると、まるで皮の厚いお饅頭のような形態で、内部の餡に当たる部分は黒く、そこに細かく、白い網目模様が入っていた。その写真をとって、コーヘイ君にメールで送ってみた。ひょっとしたら、コーヘイ君が興味を持っている地下生菌ではないかと思ったからだ。

おりかえし、電話がかかってきた。

「あれは、地下生菌ではありません。担子菌のニセショウロの仲間……おそらく、シロニセショウロが一番近い種類だと思います」

コーヘイ君は、さっそく、写真のキノコの鑑定結果を教えてくれた。

コーヘイ君こそ、タンポタケの坪の発見者だ。そこで、あの後、坪に通い詰めていること。その坪でアマミツチダンゴツブタケや、タンポタケモドキに似た、よくわからない種が次つぎに見つかったよ……と伝えた。

「ああ……」と、コーヘイ君。「まさに、そのタンポタケモドキに似ている種が兵庫でも見つかって、僕のところにも、送ってもらっています。どうも中国で見つかって、新種記載されたものと似ています」

こんな返事がさらさらと返されてくる。コーヘイ君は、あいかわらず、すごいなと思う（後でコーヘイ君に教えてもらった論文を見ると、この中国産の冬虫夏草は *Cordyceps guangdongensis* と名付けられていた）。

さらに、コーヘイ君は、「沖縄のアマミツチダンゴツブタケの出方はどんなでしたか？」と僕に聞く。電話のあった一年前の梅雨時期に、まとまって三本ほどが出ただけで、今年はまったく姿を見なかったよと、返事をした。

「そうですか。アマミツチダンゴツブタケ、ほかの菌生冬虫夏草と、姿があまりに違います。それに、ヤンバルではアマミツチダンゴツブタケ、少数がまとまって出た……という話ですね？　実は、ほかの所でもそんな出方なんです。タンポタケなんかでは、何十本、何百本とまとまって出ることがあるのに。それで、毎年出るとは限らないんです」

そうなのか。

だから……と、コーヘイ君は言った。

「アマミツチダンゴツブタケって、重複寄生っぽくはないですか？　もし、本当の菌生冬虫夏草なら、毎年でるはずです」

あっ……と思った。なるほど、そうか。

コーヘイ君のいう、重複寄生というのは、ツチダンゴに寄生した菌生冬虫夏草に、さらに別の冬虫夏草が寄生しているということである。

重複寄生と考えると、アマミツチダンゴツブタケが、今年全く、姿が見られなかったわけに、うまく説明がつく。ミヤマタンポタケやタンポタケのように、菌生冬虫夏草なら、毎年、同じ場所で発生がみられる。アマミツチダンゴツブタケも毎年発生が見られると思っていたのに、その予測がはずれてしまった。つまりは、アマミツチダンゴツブタケは純粋な菌生冬虫夏草と性質を異にする。だから、重複寄生の可能性が疑われるということである。

実際、冬虫夏草にはそうした例が知られている。例えば、ハエに寄生するハエヤドリタケという冬虫夏草があるが、このハエヤドリタケにさらに寄生するサキシマヤドリバエタケという冬虫夏草が知られているのだ。

また、カメムシに寄生するカメムシタケは普通種だが、同じカメムシから発生する冬虫夏草でも、クビオレカメムシタケはごく稀にしか見つかることがない珍種である。カメムシタケは黒い針金のように細い柄の先端に、鮮やかな赤い、耳かきのような形の頭部をつけるストローマを持つ。一方で、クビオレカメムシタケは黄土色の柄の先端部に、子嚢殻の粒々が柄に直接つく裸生型のストローマを持つ。僕はこのクビオレカメムシタケを見つけたことがあるのだが、この見つけた個体は、よく見ると、クビオレカメムシタケ特有のストローマに加え、カメムシタケのストローマの名残に見える、黒い針金状のストローマの残骸がついていた。これからすると、クビオレカメムシタケも、カメムシタケの重複寄生者ではないかと思う。

では、アマミツチダンゴツブタケに似たセミタケ類である、ツブノセミタケはどうなのだろうか?

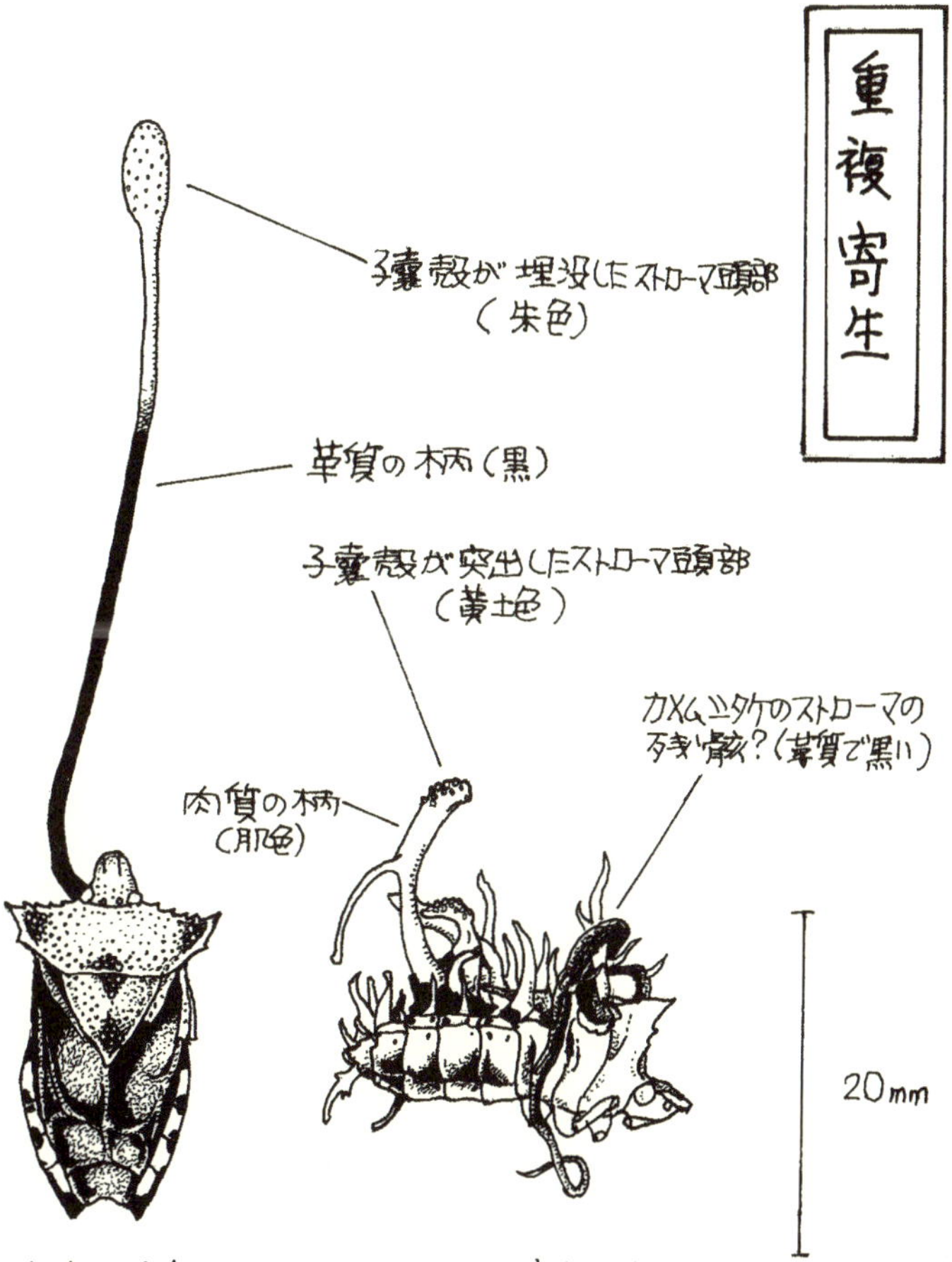

冬虫夏草の中には別種の冬虫夏草に寄生する重複寄生種が知られている。本図のクビオレカメムシタケにはカメムシタケのストローマの残骸のようなものが見られることから、本種も重複寄生種の可能性がある。

しかし、ツブノセミタケは、同一か所で、何十という群生が見られることがある。アマミツチダンゴツブタケの発生状況とは、少し違っている気がするのだが。アマミツチダンゴツブタケは、本当に重複寄生者であるのか。アマミツチダンゴツブタケとツブノセミタケの関係はあるのか。例えば遺伝子の解析が行われれば、もっといろいろなことがわかるだろう。

それにしても……と思う。

樹木と共生するツチダンゴの栄養を吸収する菌生冬虫夏草に寄生する冬虫夏草がいる。

なんという複雑ないのちのつながりあいだろう。

照葉樹林ダイビングを重ねる中で見え始めてきたこと。

それが森の中の複雑ないのちのつながりだった。

6章　いのちの森

腐生植物

ヤンバルの森へ。

行きがけ、林道を横切るヤンバルクイナとすれ違い。

梅雨の最中。森は前日の雨で、しとどに濡れていた。

アマミセミタケの坪へ。装備を固め、覚悟を決めて、息をつめて森の中に潜り込む。濡れたシダの葉をかき分け、一歩一歩、森の中へと歩を進める。濡れたシダの葉がまとわりついてくる。あっという間に、ズボンはすっかり濡れそぼる。ここぞというところで、立ち止まり、かがみこむ。湿気が充満している。メガネのレンズがさっそく曇る。レンズを布でふいて、林床に目を凝らす。また、レンズが曇る。はらだたしいが、しかたがない。再びレンズを布でふく。まずは「深度」調整をしなくてはならない。目の焦点を林床すれすれにあわせていく。続いて、林床とにらめっこをしながら、いつものように、一人で問答を始める。

あれは何か……と。

ひょいとシダの葉をめくると、そこに、首をすくめたリュウキュウヤマガメがいた。うれしいけれど、探しているものはヤマガメではない。

冬虫夏草、冬虫夏草、冬虫夏草……。そう、唱えるが、なかなか見つからない。それでも、森の底に潜っていられるのが、たまらなくうれしい。

ようやく倒木脇の土の上に、アマミセミタケのストローマが伸びあがっているのが目に留まる。ハサミとシャベルとピンセットで土をどけてゆく。その僕の体の周りに、カやブユがたかりだす。

これ。

この「不快」さが、照葉樹林ダイビングならではだ。

あっ……。ブユに気をとられたか、うっかり、ギロチン。

がっかり。

代わりに、慰められたのが、林床に咲く、ヒナノシャクジョウの花を見つけたこと。ヒナノシャクジョウは、全長が五センチほどしかないような小型の草だ。しかし、その姿は特徴的である。まず、葉がない。全草、真っ白である。ただ茎と、そのてっぺんに輪生する小さな花という姿をしているのだ。全草白く、葉緑体のないこの植物は光合成をすることがない。ヒナノシャクジョウ科に属するこの植物は、腐生植物と呼ばれ、菌と関係を持って暮らしている。

照葉樹林は不快な暗い森。その森の底では、陰地でもなんとか光合成ができるコケやシダ、それに光を必要としない菌類といった、隠花植物たちがいのちを育む。ところが、そんな暗い森の底に暮らす、花をもつ植物たちがある。それが、菌類と生活を共にする腐生植物と呼ばれる面々。

森底にダイビングをし、冬虫夏草を追いかけているうちに、湿気だまりとなっている冬虫夏草のみられるような森の底には、腐生植物もまた多いことに気づくようになった。

タンポタケの坪には、ホンゴウソウが生えている。この植物にも葉はない。やはり腐生植物の一員であるが、ヒナノシャクジョウとは別の、ホンゴウソウ科に属している。か細い茎と紫色の小さなぼんぼりのような実をつけるこの植物は、森の底にしゃがみこんでも、それと認識するのは容易ではないほど、背景の落ち葉の中に溶け込んでいる。

沖縄島中部のやや二次林的な森ながら、ヤエヤマコメッツキムシタケという冬虫夏草が毎年発生する坪はまた、ホンゴウソウ科に属するウエマツソウが見られるポイントだ。

奄美大島で多種多様な冬虫夏草の発生する沢沿いの坪では、実にさまざまな腐生植物を見ることができた。ヒナノシャクジョウ科のヒナノシャクジョウや、シロシャクジョウ。ホンゴウソウ科のホンゴウソウ。サクライソウ科のサクライソウ。それに、ラン科のオキナワムヨウランなどの腐生ランの仲間。腐生植物ではなく、寄生植物ではあるが、ヤッコソウ科のヤッコソウの姿もあった。

森底に潜って冬虫夏草を追いかけているうちに、知らず知らずと、腐生植物たちとも顔なじみになった。

しかし、これらの植物は、どんなふうに暮らしているのだろう。

照葉樹林ダイビングをするまで、僕は腐生植物とは、あまり縁がなかった。調べてみると、僕はこ

ホンゴウソウ
Sciaphia japonica

ホンゴウソウ科の菌従属栄養植物。暗い林床では、ほとんど目だたない。

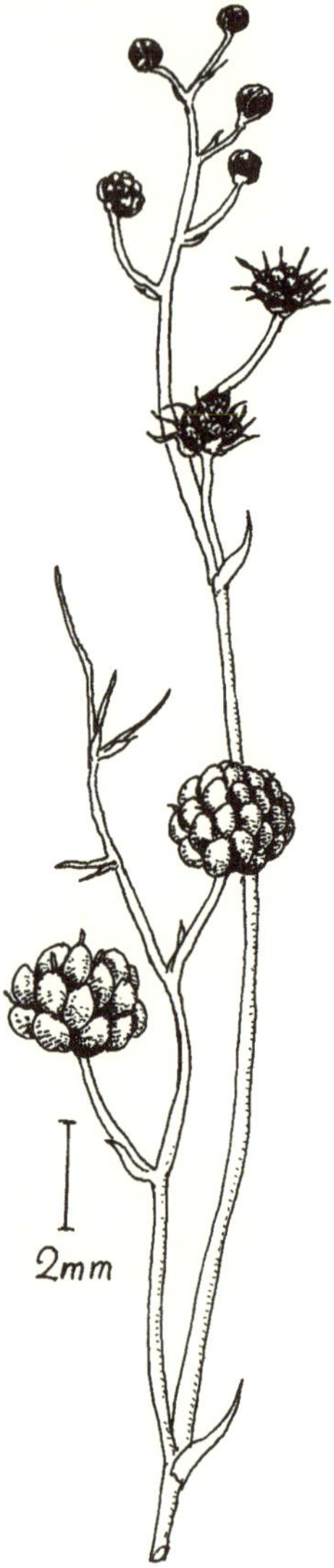

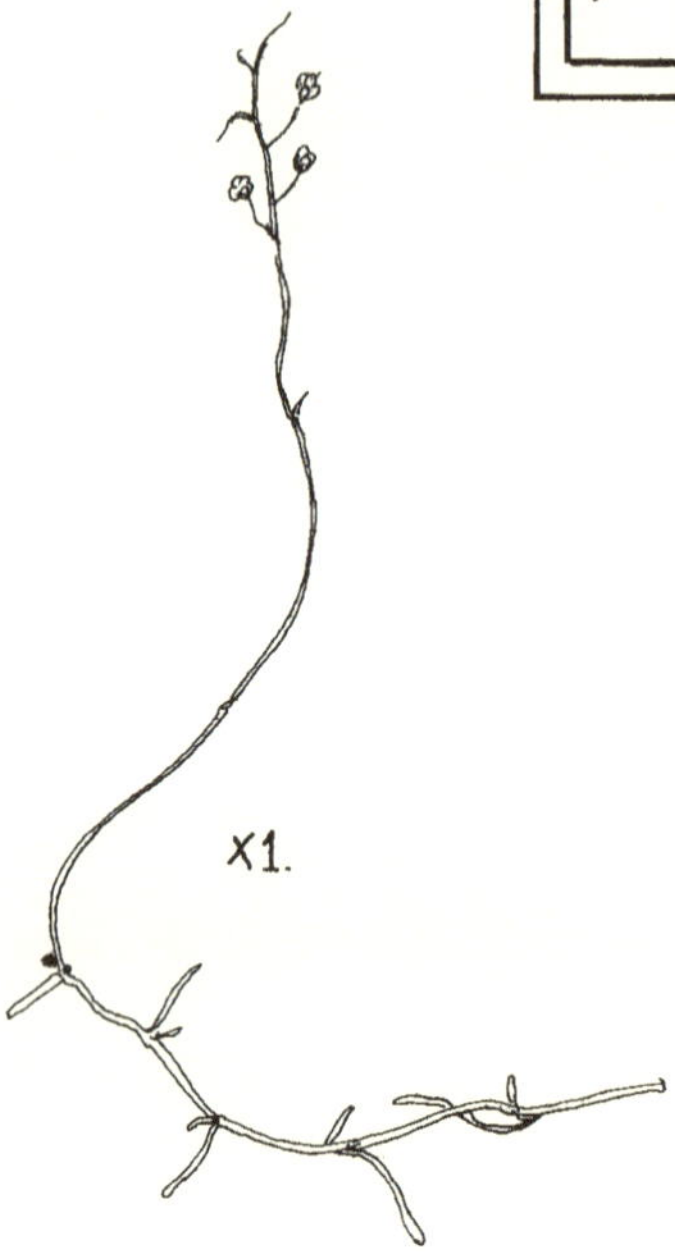

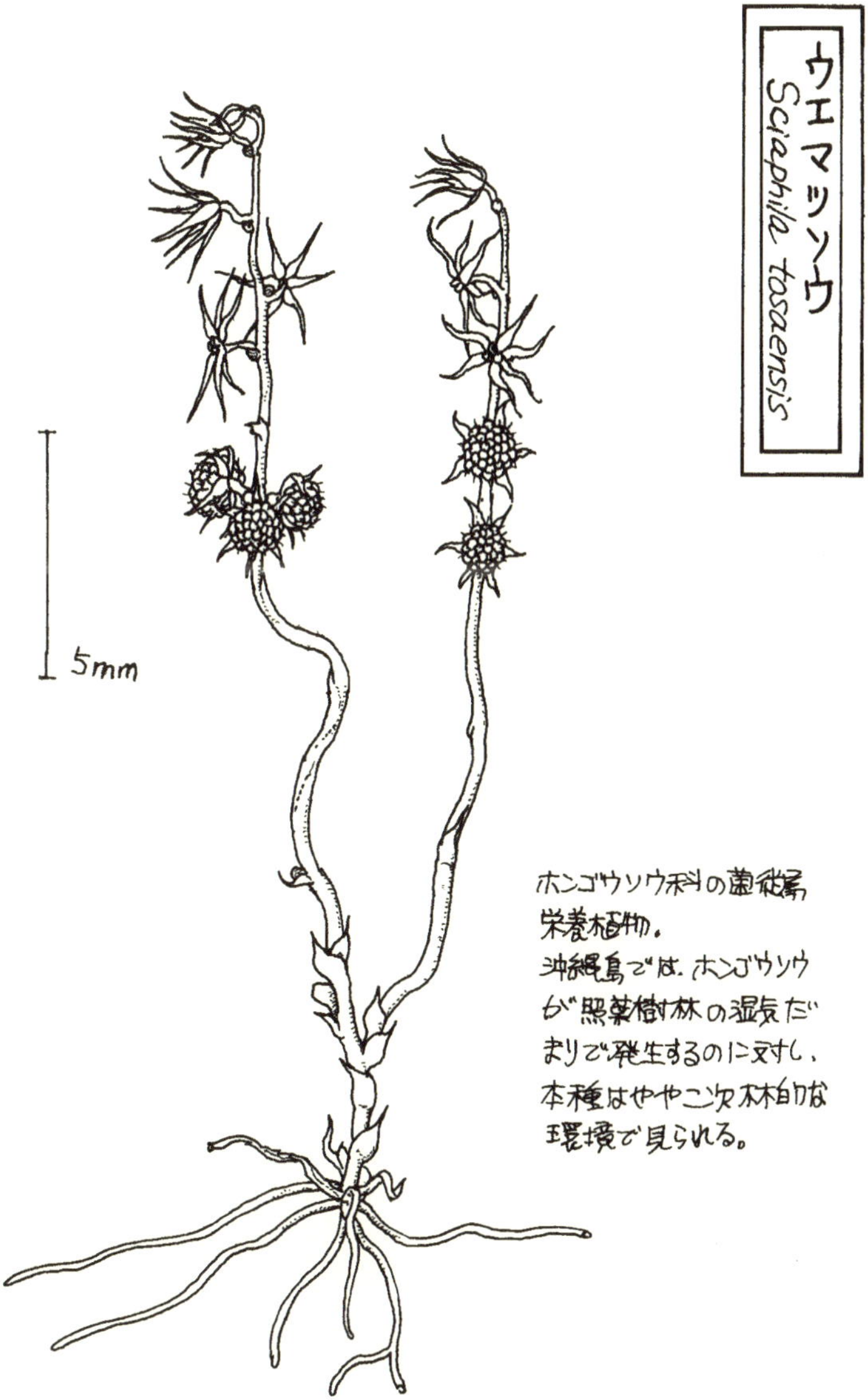
ウエマツソウ
Sciaphila tosaensis
5mm
ホンゴウソウ科の菌従属
栄養植物。
沖縄島では、ホンゴウソウ
が照葉樹林の湿気だ
まりで発生するのに対し、
本種はややニ次林的な
環境で見られる。

れらの植物について、かなり誤解をしていたことに気が付いた。

菌従属栄養植物

ヒナノシャクジョウらの植物を腐生植物と呼ぶ――と書いた。

僕は、その名称から、腐生植物たちは、「落ち葉を分解する菌類の栄養を奪って生きる植物」であると思っていた。「腐生」というのは、落ち葉などを分解して生きる――という意味を持つからだ。

しかし、そうした理解は、実は間違っている。ヒナノシャクジョウは、菌類と関係を持つことで、暗い林床でも生きることができることには間違いはないが、ヒナノシャクジョウが関係を結ぶのは、落ち葉を分解するような腐生菌の仲間ではなく、生きた植物と共生関係を結ぶ、菌根菌であったのだ。

例えばマツタケは栽培ができないため高価であることはよく知られている。腐生菌の仲間であるシイタケは、伐りだした木に菌を植え付けることで容易に栽培ができるが、生きたマツと共生関係にある菌根菌の一つであるマツタケは、人工的に栽培ができないのである。

このことを知ったことは同時に、僕が菌根についても、ほとんど実体を知らずにいたということに気付くきっかけともなった。

菌根というのは、さまざまな菌類の菌糸が、植物の根の細胞にとりついて、特有の構造をつくりあげるものである。その構造と、パートナーとなる菌の種類によって、菌根は表2（187頁）のよう

シロシャクジョウ
Burmania cryptoptela
10mm
ヒナノシャクジョウ科の腐生植物。全草、白色。冬虫夏草の発生地で一緒に生育が見られることがしばしばある。

に分類されている。

「菌根菌は、土壌中の水分や栄養塩類などを吸収し、菌根を通じて植物に渡す。一方植物は、光合成によって作り出した糖分を、菌根を通じて菌類に渡す」

ごく簡単にまとめてしまうと、菌根共生の説明は、こんな一文になる。いわゆる相利共生だ。こうした関係であるため、菌根菌の多くは、パートナーとなる植物がいないと生きていくことが難しいという。また、植物のほうも、うまく成長ができない。

こうした菌根の基礎知識を知って、「なるほど」と思うことがある。ヤンバルからオキナワウラジロガシのドングリを拾ってきて、ベランダの鉢で育ててみたことがあるのだが、うまく育たなかったことが多かったのだ。

僕は、何も考えずに、鉢の中には「普通の土」を入れていた。家の近所から掬い取ってきたような土だ。その土にこそ、ドングリからの芽生えが育たなかったわけがあるのかもしれないと、菌根について知る中で、気が付いたのである。というのも、先に書いたように、沖縄島の那覇周辺には、ドングリをつける木が生えていない。そのため、僕の家のある那覇で土を掬い取っても、その土の中には、ドングリをつけるブナ科の木と菌根をつくる菌がいないのかもしれないのである。

実際、ニュージーランドで、こうした例が報告されている。ニュージーランドにイギリスから植民者が入植した折、最初、ドングリを植えたが、うまく育たなかった。そのため、今度は、苗木を育ててから、その苗木を定植したら、うまく育つようになったというのである。苗木には、すでに菌根菌がとりついていたからだ。しかし、これは思いもかけない結果も招いてしまった。ニュージーランドに、それまで見られなかったイギリス産の菌が帰化種として棲みつくようになってしまったのである。

　菌根について調べていると、こんなふうに知らないことに次々に出会う。例えば、陸上植物の九割ほどが菌根をもっていると書かれている――とあって、これにも驚く。

　それまで僕は、「植物の中には、菌根という共生システムを持っているものがいる」というイメージを持っていた。が、本当は「基本的に、陸上植物は菌根という共生システムを持っている」ということであるのだ。古生代のデボン紀の植物化石にはすでに菌根らしき構造が見られるという報告もあって、菌根を紹介した文献の中には、菌根共生の歴史は四億年前までさかのぼることができるとも書かれている。

　表2にはさまざまな菌根のタイプが紹介されているが、このうち、最も古い菌根のタイプがAM菌根（またはVA菌根）と呼ばれるタイプだ。やがて、外生菌根をはじめとする、ほかの菌根タイプも生み出されていったと考えられている。この外生菌根を形成する菌は多数あって、その多

表2：菌根のタイプ

タイプの名前	植物	菌
AM菌根（VA菌根）	コケ・シダから木までさまざま	グロムス門の菌
外生菌根	マツ科、ブナ科、フタバガキ科など	森の主役たちとなる木々 担子菌や一部の子嚢菌
内生菌根	一部の木	一部の子嚢菌
ラン型菌根	ラン科	一部の担子菌
シャクジョウソウ型菌根	シャクジョウソウ亜科	一部の外生菌根菌
イチヤクソウ型菌根	イチヤクソウ科（シャクジョウソウ亜科をのぞく）	一部の外生菌根菌
つつじ型菌根	ツツジ目（イチヤクソウ科をのぞく）	一部の子嚢菌

（山田2008をもとに作成）

くは、いわゆるキノコを形成する菌だ。

マツタケの場合も、外生菌根を作る菌の一つである。この外生菌根の一方のパートナーになる菌（多くは担子菌）は、落ち葉や落枝中の分解しにくい有機物中の元素の獲得能力にすぐれているそう。外生菌根菌とタッグを組むのは、ブナ科など温帯広葉樹林や、照葉樹林の主役を務める木々だ。

フタバガキ（ラワンの仲間）も、熱帯降雨林において、森の主役となる木である。つまり、外生菌根菌との共生関係が生み出されて、いま見るような森ができたということかもしれないのだ。

ちなみに、いわゆるキノコと聞いて思い浮かぶ、傘型をした目につく形をしたキノコの形成は、約一億三〇〇〇万年前のことであるという。これからすると、そのあたりから、外生菌根が生み出されたものかもしれない。

外生菌根を作るのは、担子菌が主なのだけれど、中には子嚢菌で外生菌根をつくるものもある。その一つがツチダンゴだ。ツチダンゴは、樹木とパートナーシップを組み、栄養塩や水を集める代わりに、樹木からは糖類をもらっている。そのツチダンゴに寄生するのが、菌生冬虫夏草だった。同様の生き方をしているのが、腐生植物と呼ばれる者たちである。

腐生植物というと、どうも、落ち葉を分解して生きる――というイメージがわいてしまう。そこで、現在では別の名前が提唱されている。それが、菌従属栄養植物という名だ。文字通り、菌に栄養を頼っている植物ということである。

陸上植物の九割が菌根を持っているということを書いた。菌根は、持ちつ持たれつのパートナーシップが基本だ。しかし、中には菌から水や栄養塩だけでなく、糖類まで得るようになった植物がいる。

それがヒナノシャクジョウなどの菌従属栄養植物である。では、ヒナノシャクジョウが得ている糖分の出所はどこだろう？　ヒナノシャクジョウは、AM菌根菌と関係を結ぶという。つまり、木が光合成で生み出した糖分が、菌根のネットワークを通じて菌に流れ、その糖分がヒナノシャクジョウに横取りされるということになるだろう。

菌従属栄養植物は世界に一〇科四〇〇種以上もあるという。決して、少数派とは言えない数だ。それは、ひいては、菌根が、いかに普遍的に存在しているかの証とも言えそうだ。

菌根ネットワーク

菌従属栄養植物についての論文をあれこれ、読んでみる。

共生関係というと、一対一対応を思い浮かべるのだが、菌根共生の場合は、いささか様相を異にする。さまざまな植物と菌が、菌根を通じてつながり合っているということらしい。まるで、インターネットのようだ。菌根ネットワークは、インターネットのように森の地下に広がっている。その森のネットワークに不正アクセスするような存在が、菌従属栄養植物なのだろう。

ところが、あれこれ文献に目を通しているうちに、また思いもかけない記述を目にして驚いてしまう。僕の予想もしていなかった、菌根のネットワークを通じた物質のやりとりについて書いているのは、一九九七年の雑誌、『ネイチャー』に掲載されたリードの論文だ。ただし、リードが論文中で紹介している菌根の事例は、照葉樹林ではなく、北米の温帯林における菌根ネットワークについてであるが。論文には次のようなことが書かれている。

- 研究により、針葉樹のダグラスモミと、広葉樹のカバが、菌根の連結によってつながっていることがわかった。
- 放射性同位体で目印した二酸化炭素を木に取り込ませる手法によって、カバからダグラスモミへ、炭素が移動していることが確かめられた。
- 特に興味深いのは、林床のダグラスモミの幼木が、林冠のカバから炭素の供給を受けていたという結果であった。

つまり、この研究結果を一言で言えば、林冠の木から、暗い林床の木へ炭素が移動しているということだ。しかも、樹種を超えて……。こうした研究結果から、リードは、これまでは植物同士の競争ということに力点がおかれていたが、資源の分配という視点にも注目をする必要があると指摘している。さらに、そのような分配システムが、森の多様性を生み出しているのではないかと、リードは言う。

放射性同位体による物質の追跡、遺伝子解析 ―― 等々。僕は菌根共生を自分の目で確かめる現代科学の技を持ち合わせていない。しかし、この話から、僕は自身のささやかな観察のことを思い出した。

コーヘイ君が沖縄に来た際に、菌生冬虫夏草の中でも、タンポタケの仲間はホストのツチダンゴを殺してしまうが、ハナヤスリタケはホストのツチダンゴを殺さないので、寄生されたツチダンゴも、自身の胞子を作ることができるという話を聞いた。その話を聞いた後、実際にタンポタケとハナヤスリタケに寄生されたツチダンゴの断面を切ってみたことがある。タンポタケに寄生されたツチダンゴの断面はドロドロになっていたが、ハナヤスリタケに寄生されたものの断面は、健全なツチダンゴと変わりがないように見えるものだった。

シイが光合成で作り出した糖分が、菌根を通じてツチダンゴに流れ、その糖分が、ハナヤスリタケを形作る。しかし、ハナヤスリタケはツチダンゴに「寄生」して生きる菌なわけだが、「寄生」されたツチダンゴの内部が、正常なツチダンゴとさほど変わらないのを目にすると、なんだか、ホスト・共生者・寄生者の区別なく、シイからツチダンゴ、そしてハナヤスリタケまでが、ひとつながりの生きものに思えてきてしまう。

菌根研究から見えてきたのは、森の中の複雑なネットワーク。

それはつまり、さまざまな、いのちのつながり。

冬虫夏草や、菌従属栄養植物。それらは、森の底で、ほの見える、いのちのつながりの、象徴である。

タヌキの燭台

森の底で暮らす小さな生き物たちである菌従属栄養植物は、冬虫夏草同様、それと「深度」をきめて森の中に潜らなければ、なかなか目に入ることがない。そのことを物語る例がある。

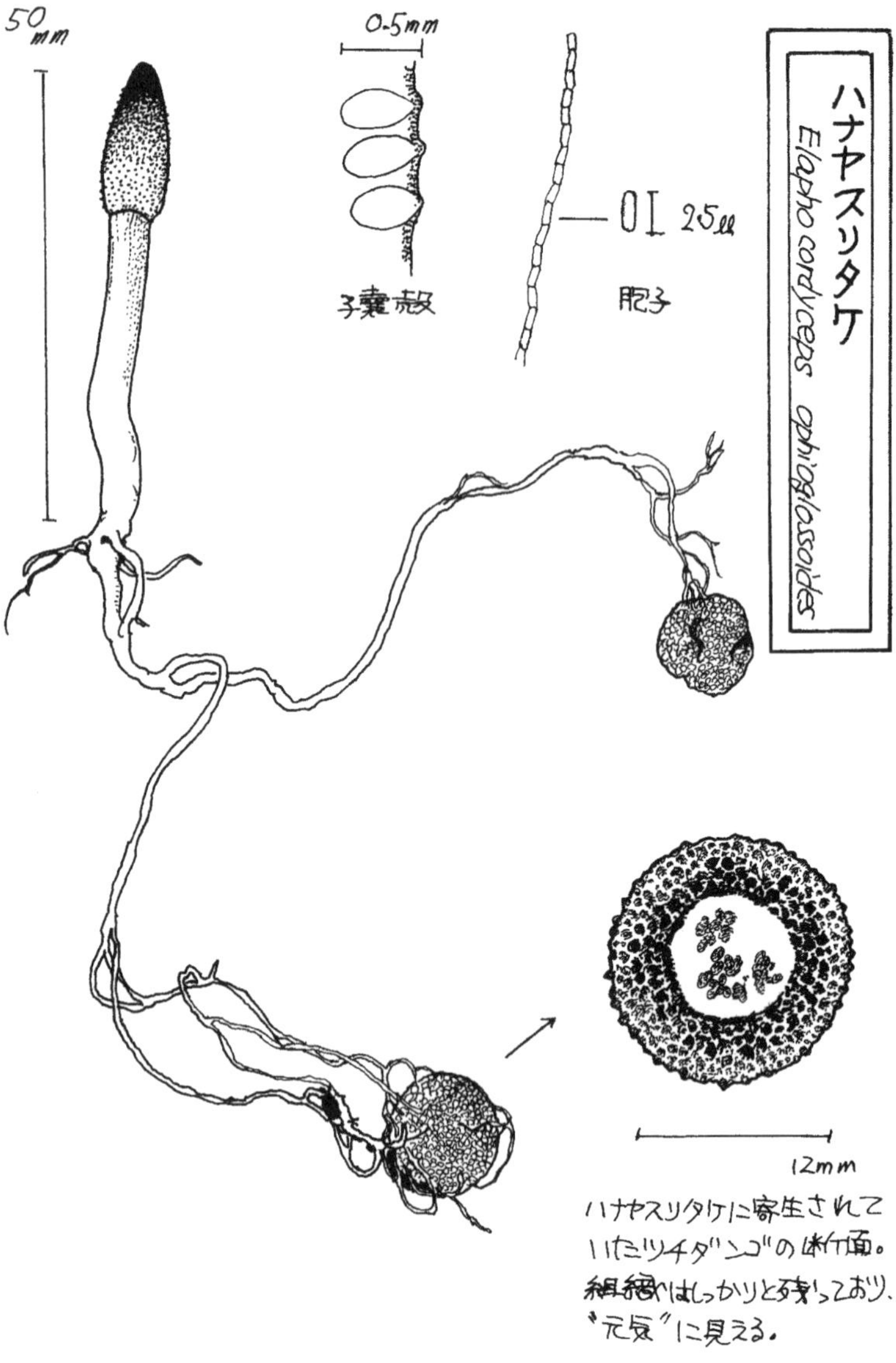

ハナヤスリタケ
Elaphocordyceps ophioglossoides
50 mm
0.5mm
子嚢殻
25μ
胞子
12mm
ハナヤスリタケに寄生されていたツチダンゴの断面。組織はしっかりと残っており、"元気"に見える。

屋久島で冬虫夏草を一緒に探しているヤマシタさんは、新種の菌従属栄養植物の発見者でもある。

「冬虫夏草を探しているときに偶然見つけたんだよ」

それが、発見のいきさつだったそう。

しかも。見つけたのが、冬虫夏草でなくて、がっかりしたそうなのだ。

というのも、僕ら、冬虫夏草屋が愛用する冬虫夏草の図鑑に、カンピレームシタケ（西表島のカンピレーの滝に由来する）という種の図版が載っているのだが、この冬虫夏草を発見することに、ヤマシタさんはあこがれを抱いていたからなのだ。なにせ、この冬虫夏草、図版でみると、ストローマが青い。冬虫夏草にはいろいろあれども、ストローマが青い冬虫夏草というのは、これきりだ。

最初、落ち葉に埋もれるように、小さな青いものが見えたとき、ヤマシタさんは、あこがれのカンピレームシタケを見つけたと思って、大喜びをしたそうだ。ところが、よく見てみると、冬虫夏草ではなかったので、がっかり……というわけ（僕も実物を見たことがないが、カンピレームシタケは、図版にあるような青い色をしているわけではないようなのだが）。

もちろん、ヤマシタさんは、そんなエピソードを語って僕らを笑わすが、見つけたものが「ただものではない」ことはすぐに、理解した。ただ、このとき発見したものは、形が完全な個体ではなかった。その後、ヤマシタさんが完全な姿をした「もの」を再発見するまで六年間が必要だった。そして、その写真を見た、九州大学の植物学者、矢原先生によって、それがやはり、「ただものではない」ことに折り紙がついた。かくて実際に標本が採集され、研究に付された結果、ヤマシタさんの見つけた「もの」は、新種のタヌキノショクダイの仲間であることがわかったのだ。見つかったのは、タヌキノショクダイの仲間の中でも、沖縄島から見つかっている、ホシザキシャクジョウに近い種類だった。この新種植物には、ヤクノヒナホシという和名がつけられ、二〇〇八年、学名には第一発見者のヤマシタさんを記念して、*Oxygyne yamashitae* と命名された。ヤマシタさんの目にとまったのは、ヤクノヒナホシのごくごく小さな青い花――菌従属栄養植物であるヤクノヒナホシには、葉はなく、花しかない――であった（花の直径は五ミリほど）。

菌従属栄養植物の中に、ヤクノヒナホシの所属するタヌキノショクダイ科と呼ばれる植物のグループがある。科名の「狸の燭台」とは不思議な名前であるが、科の代表となっているタヌキノショクダイと呼ばれる植物が、そうとでもしか言いようのない、不思議な形をした植物であるのだ。

タヌキノショクダイ科は、従来、ヒナノシャクジョウ科に含まれていたが、近年の分類においては、独自にタヌキノショクダイ科として独立して扱われることが多くなってきた。DNAの解析により、ヒナノシャクジョウの仲間とタヌキノショクダイの仲間は、それぞれ別個の植物の仲間から菌従属栄養植物として進化してきたことが明らかになってきたためだ。タヌキノショクダイ科の植物は、主に熱帯に分布しており、世界から、およそ五〇種が知られるという。タヌキノショクダイの仲間を紹介している論文を読むと、日本は熱帯ではないものの、この植物の仲間が見られるという、世界的に見て、例外的な地域なのだそうだ。

日本のタヌキノショクダイ科の植物の発見第一号は、その名もタヌキノショクダイで、一九四三（昭和一八）年のことである。発見当時は学会報告がなされたものの、正体をわかる人がおらず、同定されたのは戦後になってからだという。その後、同じタヌキノショクダイ科に属するキリシマタヌキノショクダイ、ヒナノボンボリ、ホシザキシャクジョウが発見される。

このタヌキノショクダイの仲間は、種にもよるが、ごく稀にしか見つかることのない種が多い。『新しい植物分類学Ⅰ』によれば、二〇〇四年当時、世界から知られていたタヌキノショクダイ科全二八種中、一八種は、ただの一度しか採集例がない種類で、三種については、二度しか採集例がない種類だと書かれている。だから、ヤマシタさんの発見は、大発見と言える。

ちなみに、日本産のタヌキノショクダイ科のうち、ヤクノヒナホシに近縁とされるホシザキシャクジョウは沖縄島から見つかっている種類だが、このホシザキシャクジョウも、調べてみると、「二〇〇四年に三〇年ぶりに再発見」とあって、びっくりさせられた（ぜひ見てみたい）。また、キリシマタヌキノショクダイにいたっては、すでに絶滅してしまっているのではとも言われている。

ヤクノヒナホシが見つかったのは、タブ、イスノキ、ヒサカキ、モクタチバナを主体とする森で、林床にはオオカナワラビ、カツモウイノデ、キノボリシダなどのシダ類に覆われていると新種記載論文には書かれている。ヤクノヒナホシの生えるのは、屋久島の照葉樹林の林床である。

屋久島の照葉樹林のいのちのつながりは、森の底で、青い星の形をしてまたたいている。

菌従属栄養のラン

ランの仲間にも、菌従属栄養の植物がある。二〇〇四年に発表されたリークの論文に、こうしたラン科の菌従属栄養植物についての記述がある。論文中、ランは多様性を誇る科で、「ほとんどすべての陸上の生態系に広く分布し、およそ三万種が含まれると見積もられている」と紹介されている。そのランの中に菌従属栄養植物と化したものがいる。菌従属栄養植物は世界におよそ四〇〇種とされるが、その約四分の一にあたる一〇〇種もがラン科のものであるという。

ランは、表2（187頁）にもあるように、ラン型菌根と呼ばれる、特異的な菌根を作ることで知られている。

ランの種子は、いずれも小さく、栄養分をもっていない。そのため、発芽して、幼植物まで育つには、菌との共生が欠かせない。この、発芽からしばらくは、どんなランも一方的に菌から栄養の補給を受けて育つ。やがて、植物体が十分に大きくなると、ランは光合成産物の糖類の一部を菌に供給するようになる。この共生相手となるのが、ラン型菌根菌と呼ばれる菌であるが、もともと腐生的に単独生活ができる菌が多いのだという。つまり、ランの場合は、どちらかと言えば、相利共生というよりも、ランの側が自分に有利な菌を選び出してパートナーシップを結んでいるようだ。

もともと陸上植物は、最初から菌根を持っていたと考えられている。その初期の菌根タイプはAM菌根という相利共生的な菌根システムである。となると、ランは、自分に有利なように、AM菌根菌から、共生相手をラン型菌根菌に乗り換えたのだろう。その乗換が、ランの繁栄をもたらした一つの要因かもしれないと言われている。

さらに、ラン科には、菌従属栄養のランが多数ある。これらのランの相手となっている菌は、またほかのランたちのラン型菌根菌とは別の菌だ。

リークの論文には、菌従属栄養のランは先祖の持っていたラン型菌根菌との関係を変更し、外生菌根菌や、強力な木材腐朽菌との関係を作り出した――といった内容のことが書かれている。なぜか？

菌従属栄養のランは、すべての栄養を菌に頼る。そのため、できるだけ糖分を供給できる菌と関係を結んだほうがいいからだ。外生菌根菌は、落ち葉などを分解する力が強い菌であるということは先に書いた。また外生菌根菌はそうして得た土壌中の栄養分を、パートナーシップを結んでいる樹木に与える代わりに、樹木の光合成産物の三〇パーセントにあたる量を受け取っている場合もあると、論文には紹介されている（しかもその供給は、木の一生を通じて持続される――とも）。強力な木材腐朽菌というのも、落ち葉に比べると分解される量がけた違いに多い木材を栄養源にしている菌である。つまり、ランはAM菌根菌からラン型菌根菌に乗り換え、さらに外生菌根菌や強力な木材腐朽菌に乗り換える菌従属栄養のランが生まれたということだ。ランは、菌と関わりあいを作るのがうまいのだ。

こうしたランの中で、もっとも印象的な姿をしているもののひとつが、タカツルランではないかと思う。タカツルランは、木材腐朽菌のサルノコシカケの仲間と関係を結ぶ。

沖縄中部に、ヤエヤマコメツキムシタケという土中のコメツキムシの幼虫から生える冬虫夏草の見つかる坪がある。冬虫夏草はほかにほとんど出ないのだけれど、菌従属栄養植物であるウエマツソウも同じ場所で見つかるので、ときどき、この森には観察に出かける。ところが、まさにヤエヤマコメツキムシタケの生える坪の中心に位置していた木がある年、枯れてしまった。すると、それまで毎年見ることのできたウエマツソウが、見られなくなる。ウエマツソウは、菌根菌と関係を結ぶ菌従属栄養植物であるから、菌根菌のホストである木が枯れてしまったため、姿を見られなくなったのだ。その木に、サルノコシカケの仲間が生えだした。その翌年、今度はサルノコシカケから栄養を奪う、菌従属栄養植物であるタカツルランが姿を現した。ホンゴウソウやウエマツソウ、ヒナノシャクジョウなど、AM菌根菌と関係を結ぶ菌従属栄養植物は、小さく可憐なものが多いのだが、サルノコシカケをホストとするタカツルランは、長さ数メートル以上に及ぶつる状の茎を立ち上げ、やがて多数の花を咲かせる。むろん、菌従属栄養植物であるから、葉はない。奇怪な植物である。

タカツルランは、枯死する大木と、それを土に返す菌類という循環があってこそ、存在できる、いのちの形である。樹木がいのちをまっとうできる森でこそ、生きていける植物なのである。

熊楠の森

森の中には、いのちの、濃淡がある。

「怖く」「暗く」「不快な」な森こそ、いのちの気配は濃い。その「濃い」いのちの気配によって、街の中のくらしで悲鳴をあげる、僕の中の妖怪の部分が息を吹き返す。

紀伊半島に生まれた南方熊楠が、海外での生活を終え、故郷に戻ったのは、一九〇〇年のことだった。

以来、彼は一九四二年に七四歳で死ぬまで、その故郷を離れることはなかった。故郷の地に戻った熊楠は、熊野の森に入りびたり、隠花植物の調査を始める。その熊楠は、一九〇九年頃より、政府の進めた神社合祀に伴う森林破壊に対する強固な反対運動を始める。

東大の植物学者、松村任三あてに熊楠が書いた、神社合祀反対の意見書が、「南方二書」と呼ばれる文章である。

ヤンバルの森に潜るようになって初めて、僕は自分の体験にひきよせて、熊楠の書いた文章の意味が、少しだけわかるようになった。

熊楠は自らの調査から、湿気だまりのいのちの濃さを感じ取り、湿気だまりの住人を象徴として、森の保護を訴えていたのだと思う。

例えば、クラガリ谷という、その地名からして湿気だまりを連想しうる森の生き物の豊富さについて、熊楠が「南方二書」の中で紹介している。リュウビンタイやスジヒトツバといったシダ類が多いことに加え、岩窪の一角に、ヒナノシャクジョウ、ホンゴウソウ、ルリシャクジョウといった菌従属栄養植物が何種類も発生する——と、そこにはある。そのクラガリ谷が、水力発電の計画によって、森林伐採されようとしているので、なんとか保安林にならないかと、熊楠は問題提起した。

田辺の闘鶏神社にあるクラガリ山はまた、冬虫夏草の産地である——と熊楠は書く。ここに簡単な冬虫夏草のスケッチも描かれているの。ホストは、ハチのように見える。そのホストから何本もの細いストローマ状のものが伸びている。図のわきには、「美橙赤色」とのメモも添えられている。ハチタケはホストから細いストローマが伸びるものの、そのストローマの色は淡い黄色だ。だから、熊楠がここで図示した冬虫夏草が、いったいどのような種類にあたるのかは、ちょっと謎である。ひょっとしたら、その後、誰にも再発見されることがなかい種類だということもありうる。この冬虫夏草の産地であると熊楠の書いたクラガリ山もまた、「遊宴場を立つるとて樹を枯らし、腐葉土の造成を防ぎしゆえ」、年々、木が枯れていってしまい、その木がまた、枯れたと言う理由をもって伐採されてしまう――と熊楠は非難している。

社会学者の鶴見和子は「環境破壊に対して〝エコロジー〟（棲態系）ということばを使って、反対の論陣を張ったのは、日本では南方熊楠をもってはじまりとする」と断じている。しかし、熊楠が訴え続けた森のいのちの圧殺は、いまもなお、続く。

ヤンバルでは、一九七二年の本土復帰以降、大規模な森林伐採が行われるようになった。

そのヤンバルの森の伐採跡地で、思いもかけぬものを見た。

谷から尾根まで、一面、すっかり木々が伐採されている。照葉樹林の緑の濃さとのあまりの落差に声も出ない風景である。その跡地に、特定の一種類の「有用木」の若木が植え付けられている。伐採された木のうちの一部は、そのまま伐採跡地の谷部に積み上げられ、朽ちるのにまかせられていた。森が消えた後も、谷底の沢には、水が流れていた。その水の流れに、ほど近い場所に積み上げられた朽ちた木に、サルノコシカケが生え、そのサルノコシカケをホストとし、菌従属栄養植物であるタカツルランが生育していたのである。伐採跡地の朽木にのたくるタカツルランは、それこそ、異様な姿に見えた。

本来は豊かな森でのみ、見られる植物のはずが、人為の影響の極みの場所で見られるという、矛盾。

タカツルラン
Galeola altissima
伐採後．放置された材木置場から発生したタカツルラン。

それは、森のいのちの、最後の抗いの姿のようにも、僕には思えた。

熊楠が熊野の森に潜っていたころから、一〇〇年以上が経つ。その頃からふり仰げば、科学や文明ははるかに進んだ。しかし、森の中に潜ってしかつかみきれないことが、今もなお、あり続ける。それがこの時代にあって、せいぜい実体顕微鏡を共に、僕が森に潜り続けるわけである。

森の中へ

街暮らしが続いた。

週末、ようやくヤンバルへ行ける。

雨。

雨なんか、関係ない。天気を選べる状態じゃないし。

ところが、雷まで鳴り出す。雨なんか、関係ないといっても、あまりの土砂降りの様に、笑ってしまう。夜の高速道路を北へとひた走るが、雨の激しさに車の速度を六〇キロ以下にせざるを得ない。しかし、よく降る。林道に入ってからも、雨は続く。下手をすると、翌日、土砂崩れで那覇に戻れなくなるのではと、少し心配になる（僕は怖がりなのだ）。

降りしきる雨につられて、路上にカエルが姿を現している。

車を停めて、ライトを当てると、天然記念物のイシカワガエルだ。雨降りは、悪いことばかりではないのである。

また、しばらく走る。林道のふくらみに車を停め、傘と懐中電灯をもって、外へ。雨の日でも、木々の葉の上にはイモムシ、ケムシの姿があることを知る。シイの木についていた大型のシャクトリムシは、こんな天気というのに、せっせと食事をしていたので感心してしまう。ただし、多くのシャクトリムシは、枝から下向きに垂れ下がるポーズをとっていた。雨のしずくを落とすためだろうか。大雨の夜の虫のたたずまいなど、この日まで、気にしたことがなかったことだ。

雨に濡れた枯れ木には、大きなヤンバルヤマナメクジのほか、ヤンバルマイマイ、ベッコウマイマイ、オキナワギセルがついていた。雨降りとなって、こうした生き物たちは大喜びだ。表面に生えた菌を食べに集まってきたのだろう。

一一時過ぎになって、ようやく雨がやむ。せっかくなので、もう少しぶらつく。これといったものには出会えなかったが、それでも外を歩けているだけで、うれしい。

車に戻った。

コンビニで買いこんだ、カップに入った泡盛を開ける。懐中電灯を消し、一人、静かに酒を口に運ぶ。

窓の外。道端にはホタルの幼虫の光。

いまこのとき。森の外。遠く那覇の街中には、人工の光があふれているだろう。

しかし、いまこのとき。ヤマシタさんは屋久島の森の中、光るキノコの前で、一人、闇の中に佇んでいるのではないだろうか。

そして、いまこのとき。森のどこかでエサを求めてハブは動き回り、森のどこかでヤンバルクイナは眠りにつき、森のどこかで、ひそやかに冬虫夏草や菌従属栄養植物が頭をもたげている。

助手席の座席を倒して眠りにつく。

夜中、ふと目が覚めると、夜のしじまの中に、リュウキュウコノハズクの、コホッ、コホッという声だけが聞こえた。

朝起きると、森はすっかりガスに覆われていた。

さぁ、もう一度、森の中へ潜りに行こう。

僕自身が妖怪になるために。

そしてまた、人間に戻れるように。

エピローグ

照葉樹林は「暗い」「怖い」「不快」な森。
しかし、その中に潜ってみれば、森はまた、別の一面を見せ始める。
そんな照葉樹林を表す言葉が、沖縄にはある。

沖縄島南部・南城市。この町の地形は海岸沿いの平地とその山手にある台地に大きく二分される。しかし、土地利用に関してはまたいささか、分類が異なってくる。海岸沿いの平地も、山手の台地上にある平地も、大きな面積をとっているのは、サトウキビ畑で相違がない。土地利用で異なっているのは、海岸沿いの平地と山手の台地の境にある斜面である。平たん地の多い沖縄島南部は古くから人間による土地利用が盛んだった。そのためまとまった緑地というのは少ない。航空写真を見れば一層はっきりするが、沖縄島南部では、この斜面にだけまとまった林が残されている。

ある日のこと。フリースクールの同僚であるタケシゲさんの車に乗って、僕は南城市の海岸と台地の境にある坂の途上にあった。

タケシゲさんはフリースクールでは「沖縄学」と名付けられた講座の担当をしている。僕よりいくつか年長のタケシゲさんは、今もなおリーゼント風に髪を仕立てあげ、いつもいたずらっぽい笑顔をたやさない「悪がき」の進化バージョンといった面影を持ち続ける人である。一方、古典三線の師匠であり、三線だけにとどまらず、沖縄の文化に関してはめっぽう、詳しい。南城市はまた、彼の生まれ故郷でもある。

そのタケシゲさんが、車窓から斜面の森の一角を見上げて言った。

「あの墓にならば、入ってもいいな」

その言葉に目を向けてみると、僕の目にも、黒々とした森の一角に、真新しいコンクリートが白く映える墓の姿が見えた。

沖縄の墓はよく知られているように、とても大きい。個人の墓ではなく、一族が共有する墓であるからだ。墓の前には、おりおりに、一族がその墓前につどうことができるように大きな広場のようなものがある。また、墓正面の小さな入口をくぐって墓の中にはいれば、そこにも広い空間があることがわかる。かつて、沖縄では、亡くなった人は墓中の空間に安置され自然に腐敗するに任せられた。この遺体を置く空間のことを「シルヒラシ」と呼ぶ。シルヒラシというのは、「汁減らし」という意味であるのだそうだ。この名称を知ったとき、なんとも率直な命名であると妙に感心してしまったものである。

墓の中に安置された亡骸は、数年後、完全に骨になったところで一度外へ取り出され、海岸で洗い清めて骨壺に入れる風習があった。これを洗骨という。今では沖縄でも亡骸は火葬されるのであるが、お年寄の中には火葬ではなく、昔ながらの葬られ方を望む方もいると聞く。ちなみに年少のころに父を亡くしたタケシゲさんは、父親の骨を洗い清めた記憶があるという。

沖縄では亡骸の葬り方は時代とともに変わりつつあるが、墓に寄せる「思い」のようなものは、いまだ本土とは異なった色合いを残しているようだ。僕と同年の女性が、以前沖縄の男性と恋に落ちたとき、彼女はしばらくつきあってのちに彼から、「一緒にお墓を作ろう」というメッセージを受け取ったと言っていた。これがプロポーズの言葉であったのだ。こんなふうに「結婚」と「墓」が同時に語られるのは、「死後」もなおともにありたいということであるからだが、それは死が終わりではなく、またあらたな始まりであるという「思い」にもつながっているのではないかと思える。そうした「思い」と同根のものが、タケシゲさんの「あの墓になら、入ってもいいな」という一言に込められているように僕には思えた。それはまるで、ふと新築のマンションを目にしたとき、「ここなら住んでもいいな」と口にするような日常的な口調で語られた一言であったからだ。

墓の周囲は照葉樹の林である。その名のごとく、強い太陽光のもとでも萎れることのないよう、表面に光沢のある厚い葉を持つ木々の構成している林である。それらの葉は、まだ昼前のやや斜めから差し込む強い光を反射し、白っぽく光っていた。斜面と反対側を見下ろせば、平地の向こうにはこれも日の光をキラキラと反射させている海があった。

「ああいうところから見える海をクガニムイと言うんだ」

タケシゲさんはなおも言葉をつづけた。

森の斜面からは海が見える。その海をクガニムイ、「黄金の森」と呼ぶとタケシゲさんは言う。

「ナンジャムイヲクサティ クガニムイヲマエナチ……という歌があるよ」

古典三線の師匠であるタケシゲさんは古くから伝わる歌の歌詞に、ナンジャムイとクガニムイという言葉が出てくるのだと教えてくれた。

「どんなときに歌う歌なの？」

「お墓の新築をしたときに、お墓の中で歌う歌」

あっと思う。

車はすでに坂道を登り切り、斜面の森も白く光る墓も背後にあった。タケシゲさんの言葉を反芻する。「ナンジャムイヌクサティィ クガニムイヌマエナチ」という歌詞は、訳せば「銀の森を腰にあて、黄金の森を前にして」ということになる。沖縄はものごとをよく対語として表現する。だから歌詞の中の「銀の森」と「金の森」にそれぞれ独自の意味があるとは限らない。それでも、そのとき、僕が目にした風景と、その歌詞はあまりにもマッチしていた。

陽の光を反射した照葉樹の葉は銀に光る。夕日に照らされれば海は金に光るだろう。照葉樹の葉は陽の光を反射する分だけ、森の底は暗くなる。そこに墓がある。その暗闇に沈む墓から、金に光る海が見える……。

このお墓にまつわる歌が持つ意味と、僕が森の底で垣間見たこととが、同質のことのように、僕には思えた。

いのちはつながり、流転する。

照葉樹林は銀の森。

銀の森は昼もなお夜をはらみ、生とともに死を抱いてそこにある。

学会監修『新しい植物分類学 I』講談社

Bidartondo M.I. 2002 Epiparasitic plants specialized on arbuscular mycorrhizal fungi. *Nature* 419: pp.389-392

Leake J.R. 2004 Myco-heterotroph/epiparasitic plant interactions with ecomycorrhizal and arbuscular mycorrhizal fungi. *Current Opinion in Plant Biology.* 7: pp.422-428

Read D. 1997 Mycorrhizal fungi:The ties that bind. *Nature* 388: pp.517-518

Yahara T. et al. 2008 *Oxygyne yamashitae*, a new spiecies of Thismiaceae from Yaku island, Japan. *Acta Phytotax. Geobot* 59(2): pp.97-104

Kobayashi Y. et al. 1963 Monographic studies of *Cordyceps* 2. Group parasitic on Cicadiae. *Bulletin of the National Science Museum.* 6: pp.286-314

Nickoh N.et al. 2000 Interkingdom host jumping underground: Phylogenetic analysis of entomoparasitic fungi of the genus Cordyceps. *Molecular Biology and Evolution* 17: pp.629-638

Peck A.E. 1915 Mycological notes from Scarborough. *The Natulalist* No.702: pp.222-223

Qun Y.L. et al 2008 *Cordyceps guangdondensis* sp. nov. from China. *Mycotaxon* 103: pp.371-376

Sun G.H. et al. 2007 Phylogenetic classification of *Cordyceps* and the clavicipitaceous fungi. *Studies in Mycology* 57: pp.5-59

6章

青木淳一・盛口満・手塚賢至・金井塚務・市川守弘 2011『オープンミュージアム！やんばるの森のまか不思議—沖縄・やんばるから考える日本の森林と生物多様性』沖縄大学地域研究所

猪俣栄一 2009「タヌキノショクダイ(上)戦中発見の珍奇種」『徳島新聞』2009年6月14日号

佐藤大樹・出川洋介 2008「接合菌類」国立科学博物館編『菌類の不思議』東海大学出版会

佐藤博俊 2012「キノコ類の隠れた種:共生する植物との相性を紐解く」種生物学会編『種間関係の生物学 共生・寄生・捕食の新しい姿』文一総合出版

塚谷祐一 2012「ヒナノシャクジョウ科 謎に満ちた腐生植物」日本植物分類学会監修『新しい植物分類学 I』講談社

鶴見和子 1985「南方熊楠の創造性」『南方熊楠選集 6』平凡社

中沢新一責任編集・解題 1992『南方熊楠コレクションV 森の思想』河出文庫

二井一禎 2008「植物と菌根菌」石橋信義ほか編『寄生と共生』東海大学出版会

南方熊楠 1985『南方熊楠選集 6』平凡社

山田明義 2008「植物とともに生きている菌類:菌根共生」国立科学博物館編『菌類のふしぎ』東海大学出版会

遊川知久 2012「ラン科 共生菌がもたらした多様化」日本植物分類

4章

奥澤康正 2002 ヨーロッパで初めての中国産冬虫夏草の論文『冬虫夏草』No.22：pp.17-19

鹿児島環境学研究会編『鹿児島環境キーワード辞典』南方新社

佐藤大樹 2008「冬虫夏草」国立科学博物館編『菌類の不思議』東海大学出版会

Buenz E.J. et al. 2005 The traditional Chinese medicine *Cordyceps sinensis* and its effects on apoptotic homeostasis. *Journal of Ethhnopharmacilogy*. 96: pp.16-29

Cook.M.C. 1892 Vegetable Wasp and Plant Worms

Holliday J. et al. 2008 Medicinal Value of the Caterpillar Fungi species of the Genus *Cordyceps*(Fr.)Link(Ascomycetes). A Review *International Journal of Medicinal Mushroom* 10(3): pp.219-234

Liu Z.Y. et al. 2001 Molecular evidence for the anamorph-teleomorph connection in *Cordyceps sinensis*. *Mycological Research* 105(7): pp.827-832

Maczey N. et al. 2010 *Thitarodes namnai* sp. Nov. and *T.caligophilus* sp. Nov. (Lepidoptera: Hepialidae), hosts of the economically important sntomoparathogenic fungus *Ophiocordyceps sinensis* in Bhutan. *Zootaxa* 2414: pp.42-52

Stone R. 2008 Last stand for the Body Snatcher of the Himalayas. *Science*. 322: p.1182

5章

今井三子 1943「日本産土團子菌と菌生冬虫夏草」Acta phytotaxchomica et geobotanica 13：pp.75-83

小林義雄・清水大典 1983『冬虫夏草菌図譜』保育社

武田桂三 2011「形態が極似している冬虫夏草3種の検鏡結果について」『冬虫夏草』No.31：pp.27-30

吹春俊光 2009『きのこの下には死体が眠る』技術評論社

細谷剛 2008「塗り替えられる子嚢菌類の分類」国立科学博物館編『菌類の不思議』東海大学出版会

盛口満 2009『冬虫夏草ハンドブック』文一総合出版

参考文献

2章

飯倉照平 1996『南方熊楠 森羅万象を見つめた少年』岩波ジュニア新書

南方熊楠 長谷川興蔵校訂 1987『南方熊楠日記 第2巻』八坂書房

3章

大野啓一 1997「日本から台湾の照葉樹林」千葉県立中央博物館『特別展 南の森の不思議な生きもの 照葉樹林の生態学』pp.78-87

大沢雅彦 1995「熱帯と温帯のはざまで 世界の照葉樹林と硬葉樹林」『週刊朝日百科 植物の世界 59』pp.130-133

沖縄県文化環境部自然保護課編 2006『改訂・沖縄県の絶滅のおそれのある野生生物 (菌類編・植物編)—レッドデータおきなわ—』

甲山隆司 1995「暗い森の中で生き延びる」『週刊朝日百科 植物の世界 59』pp.140-143

小林真生子・百原新・沖津進・柳澤清一・岡本東三 2008「千葉県沖ノ島遺跡から出土した縄文時代早期のアサ果実」『植生史研究』16巻1号 pp.11-18

佐々木高明 1982『照葉樹林文化の道』NHKブックス

千葉大学文学部考古学研究室 2006『千葉県館山市沖ノ島遺跡 第2・3次発掘調査概報』

盛口満 2001『ドングリの謎』どうぶつ社

盛口満 2008「海外からのブナ科堅果の琉球列島への漂着」『漂着物学会誌』6巻 pp.21-22

盛口満・深石隆司・中西弘樹 2011「石垣島における台湾産マテバシイ類堅果の大量漂着の記録」『漂着物学会誌』9巻 pp.31-32

米林仲 1997「花粉分析から見た照葉樹林の植生史」千葉県立中央博物館『特別展南の島の不思議な生きもの 照葉樹林の生態学』pp.75-77

楊遠波ほか編 1999『臺灣維管束植物簡誌 第二巻』中華民國行政院農業委員會

【な行】

【は行】

【ま行】

【や行】

【ら行】

索引

* 主な解説頁　　** イラスト掲載頁

著者

盛口 満（もりぐち みつる）

1962年千葉県生まれ。千葉大学理学部生物学科卒業。専攻は植物生態学。自由の森学園中・高等学校の理科教員を経て、2007年より沖縄大学人文学部こども文化学科准教授。珊瑚舎スコーレ夜間中学講師。著書に『僕らが死体を拾うわけ』『コケの謎』（共にどうぶつ社）、『ひろった、あつめた ぼくのドングリ図鑑』（岩崎書店）、『おしゃべりな貝』、『シダの扉』（共に八坂書房）、『生き物の描き方：自然観察の技法』（東京大学出版会）ほか多数。

雨の日は森へ　照葉樹林の奇怪な生き物

2013年3月25日　初版第1刷発行

著　者　盛口　満
発行者　八坂立人
印刷・製本　シナノ書籍印刷（株）

発行所　（株）八坂書房
〒101-0064　東京都千代田区猿楽町1-4-11
TEL.03-3293-7975　FAX.03-3293-7977
URL.：http://www.yasakashobo.co.jp

ISBN 978-4-89694-152-4